教材

材料科学基础学习指导

吕宇鹏　边　洁　敖　青　主编

化学工业出版社

·北京·

本书是为材料科学与工程等专业学生学习《材料科学基础》课程而编写的辅导教材。旨在一方面辅导学生全面复习教材内容，掌握基本知识和基本技能；另一方面还注重为学生的自主性、创新性学习提供指导，为学生综合分析和解决问题能力的提高提供思路和资源。

全书共分为11章，分别为：晶体结构、晶体缺陷、凝固、固体中的相结构、相图、材料中的扩散、材料的塑性变形、回复与再结晶、固态相变与材料热处理、材料概论和综合思考题。各章分别设置了：基本要求、内容提要、疑难解析、学习方法指导、例题、习题等栏目。各栏目各有不同侧重。

本书可作为材料类、冶金类师生教与学的辅导参考教材，也可作为考研复习用书。

图书在版编目（CIP）数据

材料科学基础学习指导/吕宇鹏，边洁，敖青主编．
北京：化学工业出版社，2008.4（2024.7重印）
高等学校教材
ISBN 978-7-122-02357-5

Ⅰ．材…　Ⅱ．①吕…②边…③敖…　Ⅲ．材料科学-高等学校-教学参考资料　Ⅳ．TB3

中国版本图书馆CIP数据核字（2008）第035443号

责任编辑：杨　菁　彭喜英　　文字编辑：李　玥
责任校对：宋　夏　　装帧设计：韩　飞

出版发行：化学工业出版社（北京市东城区青年湖南街13号　邮政编码100011）
印　　装：涿州市般润文化传播有限公司
787mm×1092mm　1/16　印张9¼　字数232千字　　2024年7月北京第1版第9次印刷

购书咨询：010-64518888　　售后服务：010-64518899
网　　址：http://www.cip.com.cn
凡购买本书，如有缺损质量问题，本社销售中心负责调换。

定　　价：32.00元

前 言

本书是为材料科学与工程等专业学生学习《材料科学基础》课程而编写的辅导教材。为了适应现代高等教育教学发展的需要，本书一方面辅导学生全面复习教材内容，掌握基本知识和基本技能；另一方面还注重为学生的自主性、创新性学习提供指导，为学生综合分析和解决问题能力的提高提供思路和资源。本书可作为材料类、冶金类师生教与学的辅导参考教材，也可作为考研复习用书。

为提高教学与学习效果，本书内容设置了基本要求、内容提要、疑难解析、学习方法指导、例题、习题、综合思考题等栏目。在内容提要部分，较为详细地给出主要概念、主要规律等学习内容，以方便学生整理学习纲目；在疑难解析部分，重点列出了易于混淆或难以理解的内容，并给出较为详细的解答；在学习方法指导部分，结合每章的内容特点，给出了建议性的学习方法及思路；在综合思考题部分，其题目侧重整个教材内容之间的联系，以锻炼学生综合性分析和解决问题的能力。

全书共分 11 章，按各版本《材料科学基础》一般的内容序列编排。其中第 1 章、第 2 章、第 7 章、第 8 章、第 11 章由吕宇鹏编写，第 3 章、第 4 章、第 5 章由陈方生编写，第 6 章由敖青编写，第 9 章、第 10 章由边洁编写。

本书在编写过程中参考了一些兄弟院校和同行编写的教材及辅导资料，并得到山东大学材料科学与工程学院的支持，在此一并致谢。

由于作者水平所限，书中若有疏漏和谬误之处，还请批评指正。

编者

2008 年 2 月

目 录

第1章 晶体结构

1.1 基本要求

① 综合比较材料中的各种结合键，认识材料的三大类别：金属材料、无机非金属材料和高分子聚合物材料。

② 建立空间点阵和单位晶胞的概念，并能用于分析原子及其他组成单元的排列。

③ 掌握晶向、晶面指数的标定方法。一般由原点至离原点最近一个结点（u，v，w）的连线来标定其指数。如此方向即定为［uvw］。u，v，w 之值必须是互质。晶面指数为晶面和三轴相交的三个截距系数的倒数，约掉分数和公因数之后所得的最小整数值。若给出具体的晶向、晶面时会标注“指数”；若给出具体“指数”时，会在三维空间图上画出其位置。

④ 熟悉常见典型晶体中原子的规则排列形式，主要是面心立方、体心立方和密排六方结构及其晶格模型、单胞原子数、致密度、配位数和间隙特征等。

1.2 内容提要

1.2.1 原子的结合方式

1.2.1.1 原子结合键

（1）离子键与离子晶体

原子结合：电子转移，结合力大，无方向性和饱和性。

离子晶体：硬度高、脆性大、熔点高、导电性差。如氧化物陶瓷。

（2）共价键与原子晶体

原子结合：电子共用，结合力大，有方向性和饱和性。

原子晶体：强度高、硬度高（金刚石）、熔点高、脆性大、导电性差。

（3）金属键与金属晶体

原子结合：电子逸出共有，结合力较大，无方向性和饱和性。

金属晶体：导电性、导热性、延展性好，熔点较高。如金属。

金属键：依靠正离子与构成电子气的自由电子之间的静电引力而使诸原子结合到一起的方式。

（4）分子键与分子晶体

原子结合：电子云偏移，结合力很小，无方向性和饱和性。

分子晶体：熔点低，硬度低。如高分子材料。

氢键：（离子结合）X—H┄Y（氢键结合），有方向性。如 O—H┄O。

（5）混合键 如复合材料。

1.2.1.2 结合键分类

（1）一次键（化学键） 金属键、共价键、离子键。

（2）二次键（物理键） 分子键和氢键。

1.2.1.3 原子的排列方式

（1）晶体 原子在三维空间内的周期性规则排列。长程有序，各向异性。

（2）非晶体 原子在三维空间内的不规则排列。长程无序，各向同性。

1.2.2 晶体学基础

1.2.2.1 空间点阵与晶体结构

（1）空间点阵 由几何点做周期性的规则排列所形成的三维阵列。

特征：①点的理想排列；②有 14 种。其中，空间点阵中的点——阵点。它是纯粹的几何点，各点周围环境相同。描述晶体中原子排列规律的空间格架称为晶格。空间点阵中最小的几何单元称为晶胞。

（2）晶体结构 原子、离子或原子团按照空间点阵的实际排列。

特征：①可能存在局部缺陷；②可有无限多种。

1.2.2.2 晶胞

（1）晶胞 构成空间点阵的最基本单元。

（2）选取原则 ①能够充分反映空间点阵的对称性；②相等的棱和角的数目最多；③具有尽可能多的直角；④体积最小。

（3）形状和大小 由三个棱边的长度 a，b，c 及其夹角 α，β，γ 表示。

1.2.2.3 布拉菲点阵

14 种点阵分属 7 个晶系。

1.2.2.4 晶向指数与晶面指数

晶向：空间点阵中各阵点列的方向。晶面：通过空间点阵中任意一组阵点的平面。国际上通用米勒指数标定晶向和晶面。

（1）晶向指数的标定 ①建立坐标系，确定原点（阵点）、坐标轴和度量单位（棱边）；②求坐标，u'，v'，w'；③化整数，u，v，w；④加［ ］，$[uvw]$。

说明：指数代表相互平行、方向一致的所有晶向；负值：标于数字上方，表示同一晶向的相反方向。晶向族：晶体中原子排列情况相同但空间位向不同的一组晶向。用 $\langle uvw \rangle$ 表示，数字相同，但排列顺序不同或正负号不同的晶向属于同一晶向族。

（2）晶面指数的标定 ①建立坐标系，确定原点（非阵点）、坐标轴和度量单位；②量截距，x，y，z；③取倒数，h'，k'，l'；④化整数，h，k，l；⑤加圆括号，如 (hkl)。

说明：指数代表一组平行的晶面；0 的意义：面与对应的轴平行；平行晶面：指数相同，或数字相同但正负号相反；晶面族：晶体中具有相同条件（原子排列和晶面间距完全相同），空间位向不同的各组晶面。用 $\{hkl\}$ 表示。若晶面与晶向同面，则 $hu+kv+lw=0$；若晶面与晶向垂直，则 $u=h$，$v=k$，$w=l$。

（3）六方系晶向指数和晶面指数 六方系指数标定的特殊性：采用四轴坐标系（因等价晶面不具有等价指数）。

（4）晶带 平行于某一晶向直线（晶带轴）所有晶面（晶带面）的组合。

性质：晶带用晶带轴的晶向指数表示，晶带面平行于晶带轴，其指数符合 $hu+kv+lw=0$。

(5) 晶面间距　一组平行晶面中，相邻两个平行晶面之间的距离。

计算公式（简单立方）：$d=a/(h^2+k^2+l^2)^{1/2}$。

注意只适用于简单晶胞。对于面心立方 hkl 不全为偶数、奇数，体心立方 $h+k+l=$奇数时，$d_{(hkl)}=d/2$。

1.2.3　典型晶体结构及其几何特征

1.2.3.1　三种常见晶体结构

项　目	面心立方(A1,fcc)		体心立方(A1,bcc)		密排六方(A3,hcp)	
晶胞原子数	4		2		6	
点阵常数	$a=2\sqrt{2}r$		$a=\frac{4}{3}\sqrt{3}r$		$a=2r$	
配位数	12		8(8+6)		12	
致密度	0.74		0.68		0.74	
堆垛方式	ABCABC…		ABABAB…		ABABAB…	
结构间隙	正四面体	正八面体	四面体	扁八面体	四面体	正八面体
个数	8	4	12	6	12	6
r_B/r_A	0.225	0.414	0.291	0.155	0.225	0.414

配位数（CN）：晶体结构中任一原子周围最近且等距离的原子数。

致密度（K）：晶体结构中原子体积占总体积的百分数。$K=nv/V$。

间隙半径（r_B）：间隙中所能容纳的最大圆球半径。

1.2.3.2　离子晶体的结构

(1) 鲍林第一规则（负离子配位多面体规则）　在离子晶体中，正离子周围形成一个负离子配位多面体，正负离子间的平衡距离取决于正负离子半径之和，正离子的配位数取决于正负离子的半径比。

(2) 鲍林第二规则（电价规则含义）　一个负离子必定同时被一定数量的负离子配位多面体所共有。

(3) 鲍林第三规则（棱与面规则）　在配位结构中，共用棱特别是共用面的存在，会降低这个结构的稳定性。

1.2.3.3　共价键晶体的结构

(1) 饱和性　一个原子的共价键数为 $8-N$。

(2) 方向性　各键之间有确定的方位。

1.2.4　多晶型性

元素的晶体结构随外界条件的变化而发生转变的性质。

1.3　疑难解析

1.3.1　空间点阵与晶体结构有何区别

空间点阵的概念是为了分析计算晶体结构而抽象出来的概念，它是由几何点在三维空间理想的周期性规则排列而成，没有缺陷，共有14种；点阵中每个点周围的环境都相同，因而理论上空间点阵应是无穷大的。晶体结构则是用于表示组成晶体的具体单元，如原子、分子、原子团在三维空间的实际排列，可存在缺陷，因而某物质的晶体结构种类可有很多。

具有不同结构的晶体可以有相同的空间点阵（空间格子），如 NaCl 和金刚石。由同种物质构成的晶体可以有不同的空间点阵，如金刚石和石墨。

1.3.2 标定米勒指数时如何正确确定与使用坐标系度量单位

米勒指数标定建立坐标系的度量单位是晶胞的晶格常数（a，b，c），即在三个轴上的度量单位分别是 a，b，c，因而该坐标系的度量单位不一定相等。分析有关问题，特别是进行指数标定时应注意不要统一度量单位。

1.3.3 晶向指数、晶面指数有哪些含义

晶向指数、晶面指数除了表示该指数所确定的一组晶向或晶面的空间方位，还包含晶面或晶向上的原子排列信息。一个指数代表了特定原子排列，如晶向或晶面上原子的线密度或面密度。扩展开来，提出了晶向族和晶面族的概念，把空间不同方位但原子排列与周围环境都相同的晶向或晶面都用一个指数表示。

1.3.4 计算点阵间隙半径时如何选择几何关系

在计算晶格间隙半径时，关键是找到正确的间隙半径与晶格常数的几何关系。有些关于晶格间隙的图示常看起来间隙较大，使人认为代表晶格间隙的刚球会首先和组成间隙的各边相切。实际上通过原子堆垛图可以看出，该刚球首先和组成间隙顶点的原子相切，在此基础上建立几何关系即可计算出间隙半径。

1.4 学习方法指导

1.4.1 高度认识本章内容的重要性

本章既是课程的入门内容，也是材料科学领域基础和常用的内容。初次接触较多的名词术语可能理解和接受较为困难，但这些名词术语在今后的学习中要经常用到，随着后续学习的进行会很快掌握。

1.4.2 在概念性内容掌握上要重视对其本质的理解

如金属键是由自由电子“气”与金属离子的结合；空间点阵中的点是几何点，每点周围的环境都相同；晶胞的首要特征是充分反映空间点阵的对称性等。

1.4.3 对指标性内容采用记忆和推算相结合的方式进行掌握

这类指标如单胞原子数、致密度、配位数、间隙半径等，有的记忆相对容易，有的通过画图计算的方式也较为简便，可以结合自己的特长进行选择。

1.4.4 建立本章的内容体系

从宏观上建立内容体系，有利于对内容的全面掌握。图 1-1 所示的思路可供参考。

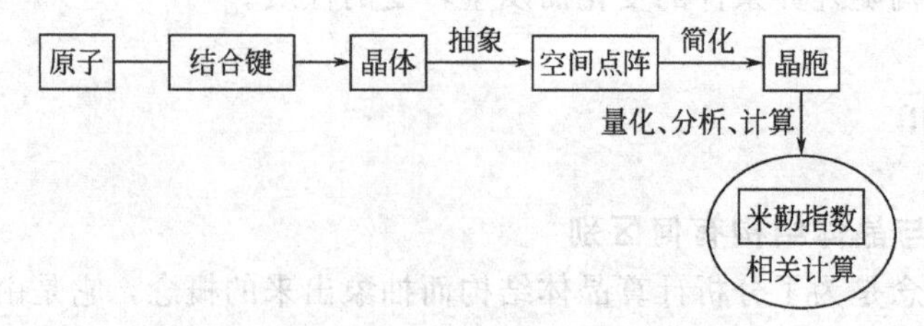

图 1-1 晶体结构内容体系

1.5 例题

例题 1-1 试证明理想密排六方结构的轴比$\frac{c}{a}=1.633$。

解：此题的关键在于从密排六方结构中找到能够建立 c 与 a 关系的几何关系。如图 1-2 所示。等边三角形的高：

$$h=\sqrt{\frac{3}{4}}a$$

$$d=\sqrt{\left(\frac{c}{2}\right)^2+\left(\frac{2h}{3}\right)^2}=\sqrt{\frac{c^2}{4}+\frac{a^2}{3}}$$

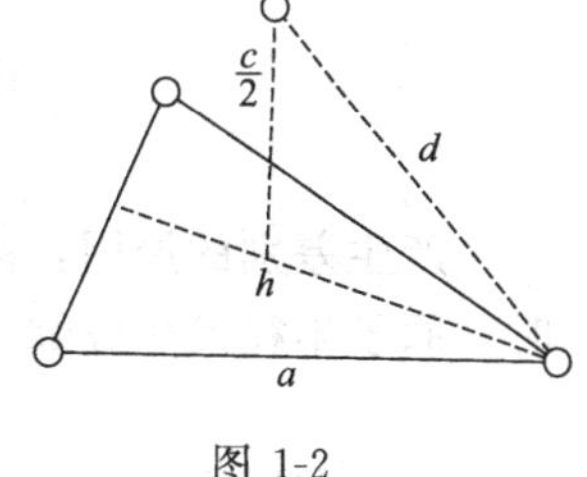

图 1-2

在理想密排六方晶体结构中 $d=a$，所以：

$$\frac{c}{a}=\sqrt{\frac{8}{3}}=1.633$$

例题 1-2 在一个立方晶胞中画出（111）面及（$\bar{1}$10）面，并画出同时位于该两面上属于〈112〉晶向族中的某晶向。

解：先画出上述两晶面，同时位于两晶面的晶向必然是两晶面的交线，而此交线的晶向指数为［11$\bar{2}$］，属于〈112〉晶向族。

例题 1-3 纯铝晶体为面心立方点阵，已知铝的相对原子质量 A_r(Al) $=26.97$，原子半径 $r=0.143$nm，求铝晶体的密度。

解：密度即质量与体积的比值。在此题中，以一个晶胞为计算对象，计算一个晶胞内原子的质量和该晶胞的体积即可。纯铝晶体为面心立方点阵，每个晶胞有 4 个原子，点阵常数 a 可由原子半径求得。即：

$$a=2\sqrt{2}r=2\sqrt{2}\times0.143=0.404\ (\text{nm})$$

所以密度：

$$\rho=\frac{A_r(\text{Al})}{\frac{1}{4}N_0a^3}=\frac{26.97}{\frac{1}{4}\times6.023\times10^{23}\times(0.404\times10^{-7})^3}=2.716\ (\text{g/cm}^3)$$

例题 1-4 ① 按晶体的刚球模型，若球的直径不变，当 Fe 从 fcc 转变为 bcc 时，计算其体积膨胀多少？

② 经 X 射线衍射测定，在 912℃时，α-Fe 的 $a=0.2892$nm，γ-Fe 的 $a=0.3633$nm，计算从 γ-Fe 转变为 α-Fe 时，其体积膨胀为多少？与①相比，说明其产生差别的原因。

解：解此题首先要确定结构虽然变化，但总的原子数不变。那么总体积发生变化必然导致每个原子所占的体积发生变化，而且总体积的变化率与单个原子所占体积的变化率相等。

① 首先计算晶胞总体积，然后根据单胞原子数计算出单个原子所占的体积：

$$a_{\text{fcc}}=\frac{4}{\sqrt{2}}r\Rightarrow V_{\text{fcc单胞}}=a_{\text{fcc}}^3=\frac{64}{2\sqrt{2}}r^3$$

$$a_{\text{bcc}}=\frac{4}{\sqrt{3}}r\Rightarrow V_{\text{bcc单胞}}=a_{\text{bcc}}^3=\frac{64}{3\sqrt{3}}r^3$$

$$\Delta V_{\gamma\to\alpha}=\frac{\frac{1}{2}\times\frac{64}{3\sqrt{3}}r^3-\frac{1}{4}\times\frac{64}{2\sqrt{2}}r^3}{\frac{1}{4}\times\frac{64}{2\sqrt{2}}r^3}=9\%$$

② 将给出的具体数值代入上式，对于 fcc 结构：

$$r=\frac{\sqrt{2}}{4}a=\frac{\sqrt{2}}{4}\times 0.3633=0.1284\ (\text{nm})$$

对于 fcc 结构：

$$r=\frac{\sqrt{3}}{4}a=\frac{\sqrt{3}}{4}\times 0.2892=0.1252\ (\text{nm})$$

$$\Delta V_{\gamma\rightarrow\alpha}=\frac{\frac{1}{2}\times(0.2892)^3-\frac{1}{4}\times(0.3633)^3}{\frac{(0.3633)^3}{4}}=0.89\%$$

产生差别的原因：晶体结构不同，原子半径大小也不同；晶体结构中原子配位数降低时，原子半径发生收缩。

1.6 习题及参考答案

1.6.1 习题

习题 1-1 名词和术语解释

材料科学、晶体、非晶体；

结合能、结合键、离子键、共价键、金属键、分子键、氢键；

金属材料、陶瓷材料、高分子材料、复合材料；

空间点阵、晶体结构、晶格、晶胞、晶系、布拉菲点阵；

晶格常数、晶胞原子数、配位数、致密度；

晶面、晶向、晶面指数、晶向指数、晶面族、晶向族；

各向异性、各向同性；

原子堆积、同素异构转变；

陶瓷、离子晶体、共价晶体。

习题 1-2 分析金属键和共价键的异同。

习题 1-3 试证明四方晶系中只有简单四方点阵和体心四方点阵两种类型。

习题 1-4 为什么密排六方结构不能称为一种空间点阵？

习题 1-5 作图表示立方晶体的 (123)、$(0\overline{1}\overline{2})$、(421) 晶面及 $[\overline{1}02]$、$[\overline{2}11]$、[346] 晶向。

习题 1-6 ① 计算 fcc 和 bcc 晶体中四面体间隙及八面体间隙的大小（用原子半径 R 表示），并注明间隙中心坐标。

② 指出溶解在 γ-Fe 中碳原子所处的位置，若此位置全部被碳原子占据，那么，问在此情况下，γ-Fe 能溶解 C 的质量分数为多少？实际上，碳在铁中的最大溶解质量分数是多少？二者在数值上有差异的原因是什么？

习题 1-7 计算面心立方结构 (111)、(110)、(100) 晶面的面间距和原子密度（原子个数/单位面积）。

习题 1-8 比较金属材料、陶瓷材料、高分子材料和复合材料在结合键上的差别。

1.6.2 参考答案

习题 1-1 略。

习题 1-2　二者在结合形式上都是电子共用，结合力大。但二者电子共用的范围不同，共价键有方向性和饱和性，金属键没有方向性和饱和性。

习题 1-3　可作图加以证明四方晶系表面上也可含简单四方、底心四方、面心四方和体心四方结构，然而根据选取晶胞的原则，晶胞应具有最小的体积，尽管可以从 4 个体心四方晶胞中勾出面心四方晶胞［图 1-3(a)］，从 4 个简单四方晶胞中勾出 1 个底心四方晶胞［图 1-3(b)］，但它们均不具有最小的体积。因此，四方晶系实际上只有简单四方和体心四方两种独立的点阵。

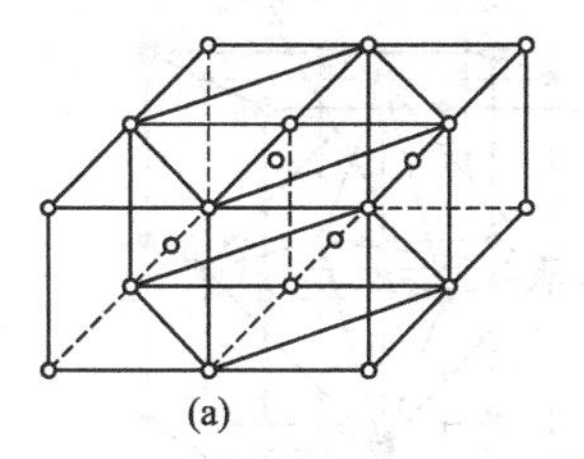

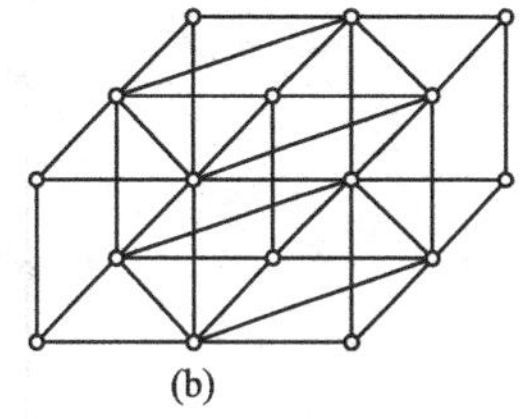

图 1-3

习题 1-4　空间点阵中每个阵点应具有完全相同的周围环境，而密排六方晶胞内的原子与晶胞角上的原子具有不同的周围环境。如图 1-4 在 A 和 B 原子连线的延长线上取 $BC=AB$，然而 C 点却无原子。若将密排六方晶胞角上的一个原子与相应的晶胞内的一个原子共同组成一个阵点（0，0，0 阵点可视作由 0，0，0 和$\frac{2}{3}$，$\frac{1}{3}$，$\frac{1}{2}$这一对原子所做成），如图 1-4 所示，这样得出的密排六方结构应属简单六方点阵。

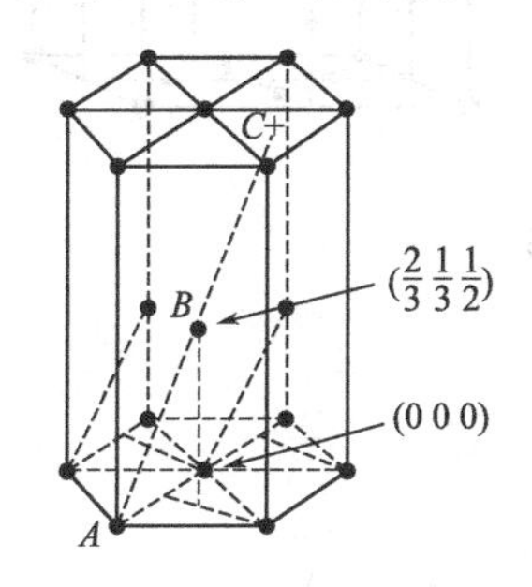

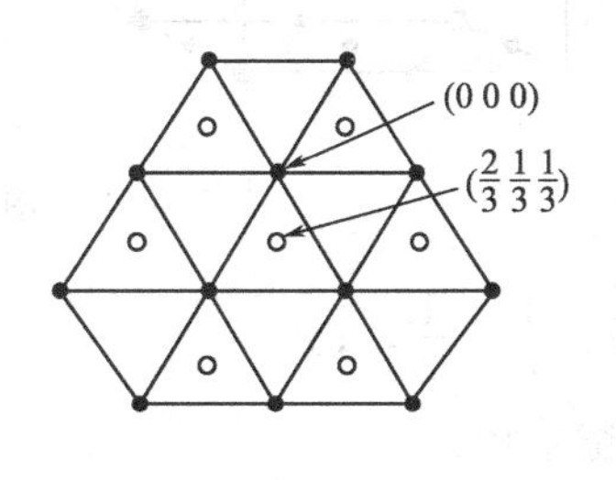

图 1-4

习题 1-5　略。

习题 1-6　参照图 1-5 所示和疑难解析中的有关内容。

① fcc 八面体间隙半径：

$$r=\frac{a-2R}{2}=\frac{\frac{4}{\sqrt{2}}R-2R}{2}=0.414R$$

间隙中心坐标：$\frac{1}{2}$，$\frac{1}{2}$，$\frac{1}{2}$。

fcc 四面体间隙半径：

$$r=\frac{\sqrt{3}}{4}a-R=\left(\frac{\sqrt{3}}{4}\times\frac{4}{\sqrt{2}}-1\right)R=0.225R$$

间隙中心坐标：$\frac{3}{4}$，$\frac{1}{4}$，$\frac{3}{4}$。

bcc 八面体间隙半径：

$$r=\frac{a-2R}{2}=\frac{\frac{4}{\sqrt{3}}R-2R}{2}=0.155R$$

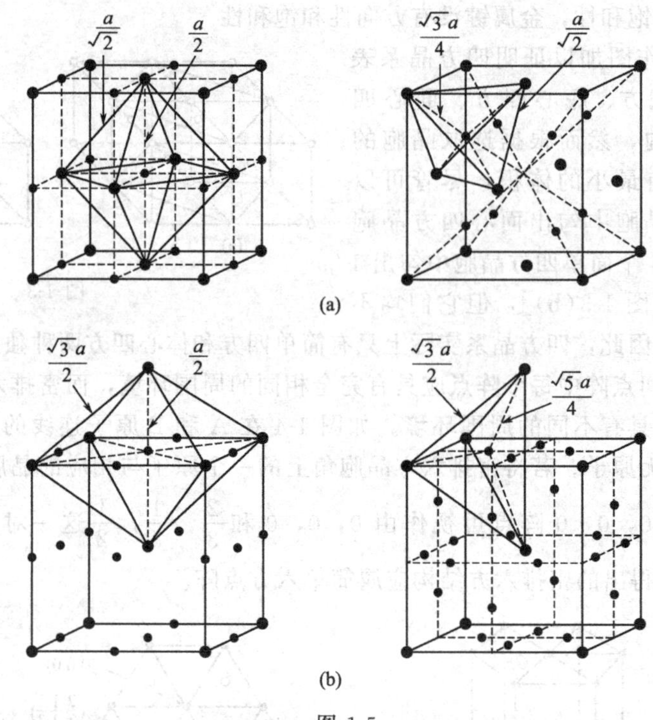

图 1-5

间隙中心坐标：$\frac{1}{2}$，$\frac{1}{2}$，1。

bcc 四面体间隙半径：

$$r=\sqrt{\left(\frac{a}{2}\right)^2+\left(\frac{a}{4}\right)^2}-R=\left(\frac{\sqrt{5}}{4}\times\frac{4}{\sqrt{3}}-1\right)R=0.291R$$

间隙中心坐标：$\frac{1}{2}$，$\frac{1}{4}$，1。

② γ-Fe 为 fcc 结构，八面体间隙半径较大，所以 γ-Fe 中的碳原子一般处于八面体间隙位置。由于 fcc 结构中八面体间隙数与原子数相等，若此类位置全部被碳原子占据，则 γ-Fe 中碳原子数分数为 50%，质量分数为 17.6%。而实际上碳在 γ-Fe 中最大质量分数为 2.11%，远小于理论值，这是因为碳原子半径为 0.077nm，大于八面体间隙半径（0.054nm），所以碳的溶入会引起 γ-Fe 晶格畸变，这就妨碍了碳原子进一步的溶入。

习题 1-7

$$d_{(111)}=\frac{a}{\sqrt{1^2+1^2+1^2}}=\frac{\sqrt{3}}{3}a$$

$$d_{(110)}=\frac{a}{\sqrt{1^2+1^2+0^2}}\times\frac{1}{2}=\frac{\sqrt{2}}{4}a$$

$$d_{(100)}=\frac{a}{\sqrt{1^2+0^2+0^2}}\times\frac{1}{2}=\frac{a}{2}$$

面心立方（111)、(110)、(100）面的原子排列如图 1-6 所示，各面面密度如下。

$$\rho_{(111)}=\frac{3\times\frac{1}{6}+3\times\frac{1}{2}}{\frac{1}{2}\sqrt{2}a\times\frac{\sqrt{6}}{2}a}=\frac{4}{a^2\sqrt{3}}\approx 2.31/a^2$$

$$\rho_{(110)}=\frac{4\times\frac{1}{4}+\frac{1}{2}\times 2}{a^2\sqrt{2}}=\sqrt{2}/a^2\approx 1.41/a^2$$

$$\rho_{(100)}=(4\times\frac{1}{4}+1)/a^2=2/a^2$$

由计算结果可以知道（111）面为最密排面。

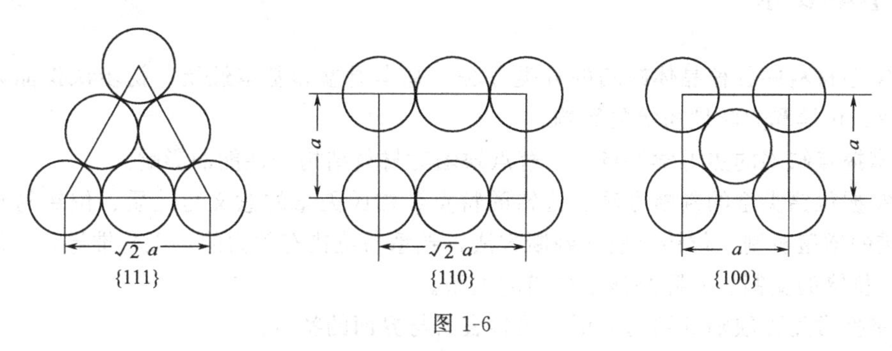

图 1-6

习题 1-8　简单金属（指元素周期表上主族元素）的结合键完全为金属键，过渡族金属的结合键为金属键和共价键的混合，但以金属键为主。

陶瓷材料是由一种或多种金属同一种非金属（通常为氧）相结合的化合物，其主要结合方式为离子键，也有一定成分的共价键。

在高分子材料中，大分子内的原子之间结合方式为共价键，而大分子与大分子之间的结合方式为分子键。

复合材料是由两种或两种以上的材料组合而成的物质，因而其结合键非常复杂，不能一概而论。

第2章 晶体缺陷

2.1 基本要求

① 掌握材料中各种晶体缺陷的分类方法、基本类型和基本性质，初步认识晶体缺陷对材料物理、化学和力学性质等的影响。

② 掌握点缺陷的热力学特点，了解点缺陷对材料结构和性能的影响。

③ 掌握位错类型的判断方法、位错的特点、柏氏矢量的意义与性质、位错易动性的本质、位错的增殖机制、位错反应的判断方法，熟悉与位错有关力的意义与推导，了解位错的应力场、位错的交割、实际晶体中位错的类型。

④ 掌握常见面缺陷的结构模型，熟悉表面与界面的特点。

2.2 内容提要

2.2.1 点缺陷

2.2.1.1 点缺陷的类型

(1) 空位

肖脱基空位：离位原子进入其他空位或迁移至晶界或表面。

弗仑克尔空位：离位原子进入晶体间隙。

(2) 间隙原子　位于晶体点阵间隙的原子。

(3) 置换原子　位于晶体点阵位置的异类原子。

2.2.1.2 点缺陷的平衡浓度

(1) 点缺陷是热力学平衡的缺陷　在一定温度下，晶体中总是存在着一定数量的点缺陷(空位)，这时体系的能量最低——具有平衡点缺陷的晶体比理想晶体在热力学上更为稳定。

(2) 点缺陷的平衡浓度　$C=A\exp\ (-\Delta Ev/kT)$。

2.2.1.3 点缺陷的产生及其运动

(1) 点缺陷的产生　平衡点缺陷：热振动中的能力起伏；过饱和点缺陷：外来作用，如高温淬火、辐照、冷加工等。

(2) 点缺陷的运动　点缺陷的迁移、复合导致其浓度降低；点缺陷聚集导致其浓度升高或塌陷。

2.2.1.4 点缺陷与材料行为

(1) 结构变化　晶格畸变。如空位引起晶格收缩，间隙原子引起晶格膨胀，置换原子可引起收缩或膨胀。

（2）性能变化　物理性能，如电阻率增大，密度减小。力学性能，如屈服强度提高。

2.2.2　线缺陷（位错）

位错：晶体中某处一列或若干列原子有规律的错排。

意义：对材料的力学行为（如塑性变形、强度、断裂等）起着决定性的作用，对材料的扩散、相变过程有较大影响。

2.2.2.1　位错的基本类型

主要包括刃型位错、螺型位错和混合位错。其中位错线、晶体滑移方向、位错运动方向具有确定的关系。

2.2.2.2　位错的性质

位错的实际形状不是一条直线，位错及其畸变区是一条管道。位错是晶体已滑移区和未滑移区的边界，因而不能中断于晶体内部。但可在表面露头，或终止于晶界和相界，或与其他位错相交，或自行封闭成环。

2.2.2.3　柏氏矢量

（1）确定方法（避开严重畸变区）　①在位错周围沿着点阵结点形成封闭回路；②在理想晶体中按同样顺序作同样大小的回路；③在理想晶体中从终点到起点的矢量即为柏氏矢量。

（2）柏氏矢量的物理意义与应用　①代表位错，并表示其特征（强度、畸变量）；②表示位错引起的晶体滑移的方向和大小；③柏氏矢量的守恒性（唯一性）：一条位错线具有唯一的柏氏矢量；④判断位错的类型。

（3）柏氏矢量的表示方法

表示：$\boldsymbol{b}=\frac{a}{n}\ [uvw]$(可以用矢量加法进行运算)。

求模：$|\boldsymbol{b}|=\frac{a}{n}\sqrt{u^2+v^2+w^2}$。

2.2.2.4　位错的运动

位错具有易动性，即通过原子的微小移动导致晶体的变形。位错的运动方式主要是滑移和攀移。与位错有关的三个力分别是作用在位错上的力、位错的线张力和保持位错弯曲所需的切应力。

2.2.2.5　位错的应力场及其与其他缺陷的作用

位错具有特定的应力场，因而可发生位错与位错、位错与溶质原子等的相互作用。在这种作用下，位错形成特定的排列状态，形成柯氏气团等组态。

2.2.2.6　位错的增殖、塞积与交割

位错的增殖的主要机制是 F-R 源。位错遇到障碍物后发生塞积，在切应力作用在位错上的力、位错间的排斥力、障碍物的阻力的作用下，形成逐步分散的排列状态。位错与位错发生交割后形成割阶或扭折，可按照对方位错柏氏矢量的方向和大小进行判断。

2.2.2.7　位错反应

（1）位错反应　位错的分解与合并。

（2）反应条件

几何条件：$\sum\boldsymbol{b}_{前}=\sum\boldsymbol{b}_{后}$，反应前后位错的柏氏矢量之和相等。

能量条件：$\sum\boldsymbol{b}_{前}^2>\sum\boldsymbol{b}_{后}^2$，反应后位错的总能量小于反应前位错的总能量。

2.2.2.8 实际晶体中的位错

(1) 全位错 通常把柏氏矢量等于点阵矢量的位错称为全位错或单位位错。

(2) 不全位错 柏氏矢量小于点阵矢量的位错。

(3) 肖克莱和弗兰克不全位错

肖克莱不全位错的形成：原子运动导致局部错排，错排区与完整晶格区的边界线即为肖克莱不全位错（结合位错反应理解，可分为刃型、螺型或混合型位错）。

弗兰克不全位错的形成：在完整晶体中局部抽出或插入一层原子所形成（只能攀移，不能滑移）。

(4) 堆垛层错与扩展位错

堆垛层错：晶体中原子堆垛次序中出现的层状错排。

扩展位错：一对不全位错及中间夹的层错。

2.2.3 面缺陷（界面）

2.2.3.1 晶界

(1) 晶界 两个空间位向不同的相邻晶粒之间的界面。

(2) 分类

大角度晶界：晶粒位向差大于 10°的晶界。其结构为几个原子范围内的原子的混乱排列，可视为一个过渡区。

小角度晶界：晶粒位向差小于 10°的晶界。其结构为位错列，又分为对称倾侧晶界和扭转晶界。

亚晶界：位向差小于 1°的亚晶粒之间的边界。为位错结构。

孪晶界：两块相邻孪晶的共晶面。分为共格孪晶界和非共格孪晶界。

2.2.3.2 相界

(1) 相界 相邻两个相之间的界面。

(2) 分类 共格、半共格和非共格相界。

2.2.3.3 表面

(1) 表面吸附 外来原子或气体分子在表面上富集的现象。

(2) 分类

物理吸附：由分子键力引起，无选择性，吸附热小，结合力小。

化学吸附：由化学键力引起，有选择性，吸附热大，结合力大。

2.2.3.4 界面特性

① 界面能会引起界面吸附。

② 界面上原子扩散速度较快。

③ 对位错运动有阻碍作用。

④ 易被氧化和腐蚀。

⑤ 原子的混乱排列利于固态相变的形核。

2.3 疑难解析

2.3.1 如何认识晶体缺陷在材料科学中的重要意义

晶体缺陷名为缺陷，但实际上是材料科学与工程的重要基础。如对完美的晶体人们难以改变其性质，而晶体中的缺陷则赋予人们丰富的材料加工的手段。如材料的强化方法无不与位错有着直接或间接的关系，材料的变形则是依赖于位错的运动实现的；材料中的扩散主要借助于点缺陷及其运动，而扩散是材料凝固、回复与再结晶、相变中的重要过程等。正是通过对缺陷密度、运动状态等的控制，人们才实现了对材料多种性能的控制。

2.3.2 如何判断刃型位错线某处半原子面的位置

准确判断位错线上某处半原子面的位置对于分析位错运动的有关问题较为方便。可采用右手法则：将右手的拇指、食指沿手掌面伸直，其余三指并拢且垂直于手掌面伸直。此时，设定拇指代表位错线的方向，食指代表柏氏矢量的方向，其余三指则代表多余半原子面，手掌面代表滑移面。当已知位错线和柏氏矢量的方向，即可判断出多余半原子面的方向（位置）。其中，位错线的方向可为给定或自拟。

2.3.3 如何认识位错的实际空间形状

位错属于线缺陷，在分析问题时为了方便也常把位错简化为一条线。但实际上，位错的形状并不是几何意义上的线。位错包含了位错中心区及其周围畸变区，其空间形状是一条管道。

2.3.4 柏氏矢量的意义与主要作用

柏氏矢量是表示位错特征的矢量。从柏氏矢量的确定过程可以看出，柏氏矢量可以表征位错畸变的大小及位错滑移方向等。在实际应用方面，可以通过柏氏矢量与位错线方向的关系判断位错的类型，对于刃型位错可进一步结合多余半原子面的判断方法确定正、负刃型位错；在位错运动引起晶体滑移方面，晶体滑移的方向和大小即为位错柏氏矢量的方向和大小；在位错交割结果的判断方面，一个位错产生的变化是对方位错柏氏矢量的大小和方向，据此判断出是割阶还是扭折。而位错反应的判断则是柏氏矢量之间的计算。可以看出，柏氏矢量即是全面表征位错特征的定量指标，应全面、深入把握其意义与使用方法。

2.3.5 晶体中位错柏氏矢量可否是任意的，为何常用柏氏矢量只有少数几个

实际晶体中，位错的柏氏矢量不是任意的，它应符合相应的结构条件和能量条件。晶体结构条件是指柏氏矢量必须连接晶体中一个原子平衡位置到另一个平衡位置；能量条件是指柏氏矢量所表征的位错应尽量处于最低能量。在某晶体结构中，如从结构条件看柏氏矢量可以取很多；但从能量条件看，能量越低，位错越稳定，故柏氏矢量越小位错越稳定。因此，实际晶体中存在的位错及其柏氏矢量只有少数几个。

2.3.6 位错攀移的实质

位错攀移的最终效果是位错在垂直于其滑移面方向的运动，导致滑移面的扩大（负攀移）和缩小（正攀移）。但攀移发生的微观过程是原子或空位的运动。位错中心区的原子发生离位则使整个原子面缩小，位错中心区顶端填充原子则使原子面扩大。

2.3.7 如何从能量角度解释柯氏气团的形成

将溶质原子在位错线附近的聚集状态称为柯氏气团。位错和溶质原子同作为晶体缺陷，都是高能区。但当溶质原子聚集在位错线周围，该聚集状态（气团）的能量低于位错和溶质原子单独存在时的能量。即气团的形成是能量降低的过程，因而位错与溶质原子聚集的气团状态是相对稳定的。因此，气团的形成会导致位错运动阻力的增加，进而提高材料的强度。

2.3.8 不同相界的界面能与畸变能有何不同

相界面分为共格、半共格和非共格界面。如果是较为完善的共格关系，在相界上原子匹

配很好，几乎没有畸变，则这种共格界面的界面能和畸变能都很低；但比较常见的是共格界面两侧的原子间距略有差别，为形成完全共格界面需要晶格协调，造成一定的弹性畸变，这种界面的界面能较低，但畸变能升高；半共格界面相对于共格界面原子排列的混乱度增加，但晶格畸变小，因而其界面能升高，畸变能降低；对于非共格界面，其原子排列最为混乱，且不需晶格协调，因而其界面能最高，畸变能最小。

2.4　学习方法指导

2.4.1　抓住重点，以点带面

把握此章的重点内容要和教材的整个内容体系的其他章节内容联系起来，以便在今后的学习和应用中能较为熟练应用这些知识。如结合扩散机制，需掌握各种点缺陷的模型及其运动方式；结合固态相变，需掌握点、线、面等各种缺陷的原子排列、能量特征、运动方式、缺陷之间的交互作用等；结合材料的塑性变形，需掌握位错的易动性、柏氏矢量的表示与运算、缺陷之间的相互作用等内容；结合回复与再结晶，需掌握点、线缺陷的运动方式、运动结果等。在此基础上，针对各重点内容，进而掌握其相关内容。如对于柏氏矢量，重点掌握其表示与运算方法、常见柏氏矢量、运用柏氏矢量判断位错反应等内容。

2.4.2　化繁就简，掌握本质

此章内容中，涉及一些复杂的模型、原理或公式，不必通过死记硬背的方式去掌握。除了不必记忆一些复杂的公式之外，要注意利用本质因素去理解和掌握相关问题。在本章中主要是位错的柏氏矢量和原子排列。柏氏矢量几乎可以用来分析有关位错的所有问题，如位错运动导致晶体滑移的方向和大小即为该位错柏氏矢量的方向和模，位错交割的结果是根据对方柏氏矢量的方向和大小进行判断，位错反应实际就是柏氏矢量的运算等。位错在本质上还是一种不规则的原子排列，理论上所有位错行为都应该能从原子排列上进行分析。如位错的易动性、位错的攀移、位错的交互作用、位错的应力场、溶质原子与位错的交互作用、位错的分解与合成等都可以从原子排列角度进行分析。在掌握和分析相关问题的时候，从原子排列方面寻找答案，往往可使问题变得简单。

2.4.3　立足全局，建立纲目

材料中完整晶体结构、缺陷结构和相结构三部分（章）内容构成了材料结构的基础，其侧重各有不同。晶体缺陷和非单一组分的晶体结构（相结构）都偏离理想的晶体结构排列，缺陷和第二元素的存在会使晶体中的结构和性能发生变化，这也是材料性能优化的基础。这样理解的目的是找到“晶体缺陷”在整个教材内容体系中的位置。

对于本章宏观内容体系，可参考图 2-1。

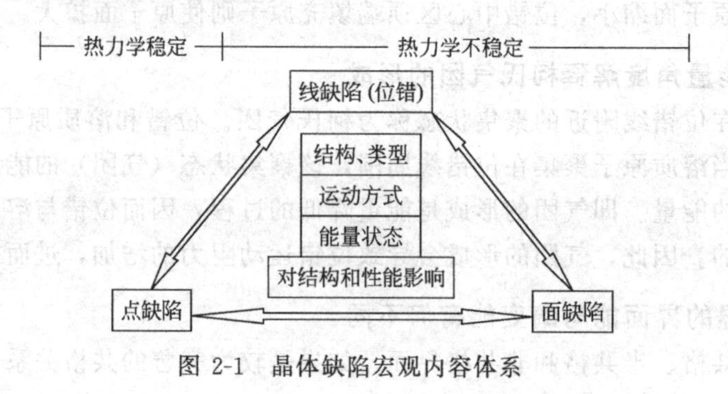

图 2-1　晶体缺陷宏观内容体系

2.5　例题

例题 2-1　位错能否终止于晶体内部？

解：解答此问题的关键是理解位错是晶体已滑移区和未滑移区的边界。既然作为边界就不能中断于晶体内部。但可在晶体表面露头，或终止于晶界和相界，或与其他位错相交，或自行封闭成环。

例题 2-2　若将一位错线的正向定义为原来的反向，此位错的柏氏矢量是否改变？位错的类型性质是否变化？

解：此问题要结合柏氏矢量回路的确定方法来理解。由柏氏矢量回路来确定位错的柏氏矢量方法中得知，此位错的柏氏矢量将反向，但此位错的类型性质不变。

例题 2-3　如图 2-2 所示，某晶体滑移面上有一柏氏矢量为 $\boldsymbol{b}$ 的位错环，并受到一均匀切应力 τ 的作用。

① 分析各段位错线的类型、所受力的大小并确定其方向。

② 在 τ 的作用下，若要使它在晶体中稳定不动，其最小半径为多大？

解：分析此问题要结合柏氏矢量与位错类型的关系、与位错有关的力的表达式、判断多余半原子面位置的右手法则等知识点。对于类似问题，当未知位错线的方向，可以设定其方向后进行相关问题的分析。涉及位错受力方向的判断，可以先判断出位错某一点的半原子面位置，半原子面在切应力下受力方向即为该点的受力方向。对于位错环，其受力要么指向位错环中心，要么背离位错环中心。只有判断出一点的受力方向，才可判断出整个位错环的受力方向。

① 令逆时针方向为位错环线的正方向，则 A 点为正刃型位错，B 点为负刃型位错，D 点为右螺型位错，C 点为左螺型位错，位错环上其他各点均为混合位错。

各段位错线所受的力均为 $f=\tau|\boldsymbol{b}|$，方向垂直于位错线并指向滑移面的未滑移区。

② 在外力 τ 和位错线的线张力 T 的作用下，位错环最后在晶体中稳定不动，此时：

$$\tau=\frac{G|\boldsymbol{b}|}{2r_c}，故\ r_c=\frac{G|\boldsymbol{b}|}{2\tau}。$$

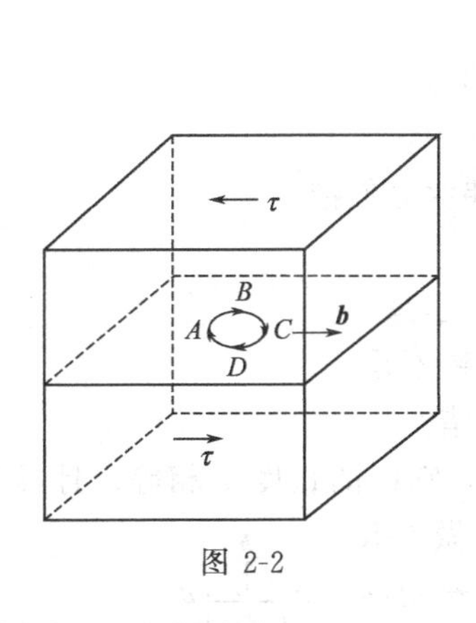

图 2-2

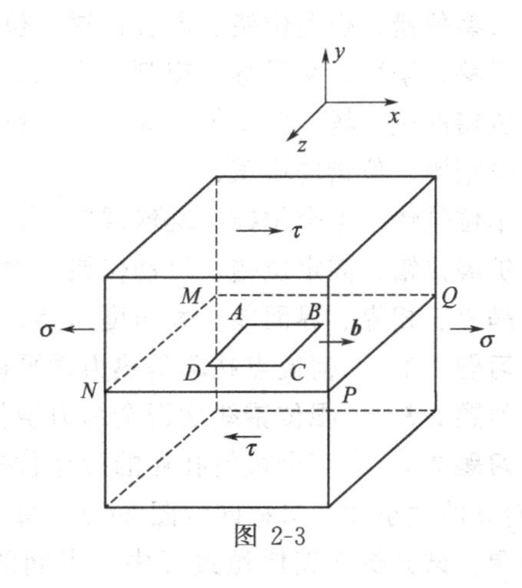

图 2-3

例题 2-4　已知位错环 $ABCDA$ 的柏氏矢量为 $\boldsymbol{b}$，外应力为 τ 和 σ，如图 2-3 所示。求：

① 设想在晶体中怎样才能得到这个位错？

② 在足够大的切应力 τ 作用下，位错环将如何运动？

③ 在足够大的拉应力 σ 作用下，位错环将如何运动？

解：晶体的局部滑移形成位错，位错是滑移区与未滑移区的边界，因而在此题情况下位错形成的前提是晶体的局部滑移。位错在切应力作用下的运动可参考例题 2-3 的做法。而位错在正应力下的作用则要联系位错中心区的应力状态与其运动状态之间的关系。

① 设想在完整晶体中有一个正四棱柱贯穿晶体的上、下表面，它和滑移面 $MNPQ$ 交于 $ABCDA$。现在让 $ABCDA$ 上部的柱体相对于下部的柱体滑移 $\boldsymbol{b}$，柱体以外的晶体均不滑移。这样 $ABCDA$ 就是在滑移面上已滑移区（环内）和未滑移区（环外）的边界，因而是一个位错环。

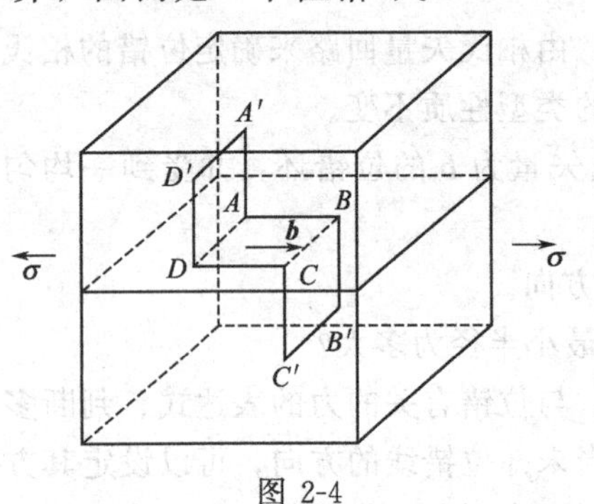

图 2-4

② 在 τ 的作用下，位错环上部分晶体将不断沿 x 轴方向（即 $\boldsymbol{b}$ 的方向）运动，下部分晶体则反向（沿 $-x$ 轴的方向）运动。这种运动必然伴随着位错环的各边向环的外侧运动（即 AB、BC、CD 和 DA 四段位错分别沿 $-z$ 轴、$+x$ 轴、$+z$ 轴和 $-x$ 轴方向运动），从而导致位错环扩大。

③ 在拉应力作用下，在滑移面上方的 BC 位错的半原子面和在滑移面下方的 DA 位错的半原子面将扩大，即 BC 位错将沿 $-y$ 轴方向运动，DA 位错则沿 y 轴运动。而 AB 和 CD 两条螺型位错是不运动的（因为螺型位错只能产生滑移运动，而不易产生攀移），故位错环将如图 2-4 所示。

2.6　习题及参考答案

2.6.1　习题

习题 2-1　名词与术语解释

点缺陷、线缺陷、面缺陷；

空位、间隙原子、肖脱基缺陷、弗仑克尔缺陷；

刃型位错、螺型位错、混合位错、位错线、柏氏矢量、位错密度；

滑移、攀移、交滑移、交割、塞积；

位错的应力场、应变能、线张力、作用在位错上的力；

位错源、位错的增殖；

单位位错、不全位错、堆垛层错、肖克莱位错、弗兰克位错；

扩展位错、固定位错、可动位错、位错反应；

晶界、相界、界面能、大角度晶界、小角度晶界、孪晶界。

习题 2-2　为何说点缺陷是热力学平衡缺陷，而位错不是？

习题 2-3　一根位错线能否全为刃型位错或螺型位错？

习题 2-4　有两个被钉扎住的刃型位错 AB 和 CD，它们的长度 x 相等，且具有相同的 $\boldsymbol{b}$，而 $\boldsymbol{b}$ 的大小和方向相同（图 2-5）。每个位错都可看做 F-R 位错源。试分析在其增殖过程中二者间的交互作用。若能形成一个大的位错源，使其开动的 τ_c 需多大？若两位错 $\boldsymbol{b}$ 相反，情况又如何？

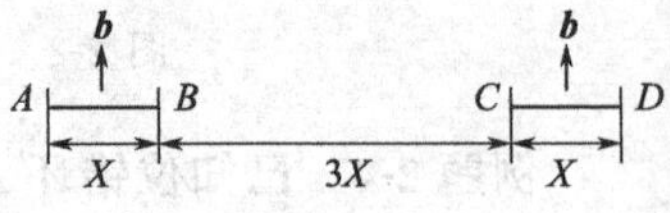

b　A　B　X　3X　b　C　D　X

图 2-5

习题 2-5　试分析在 fcc 中，下列位错反应能否进行？并指出其中 3 个位错的性质类型？反应后生成的新位错能否在滑移面上运动？

$$\frac{a}{2}[10\bar{1}]+\frac{a}{6}[\bar{1}21]\longrightarrow\frac{a}{3}[11\bar{1}]$$

习题 2-6　在一个简单立方二维晶体中，画出一个正刃型位错和一个负刃型位错。

① 用柏氏回路求出正、负刃型位错的柏氏矢量；

② 若将正、负刃型位错反向时，其柏氏矢量是否也随之反向；

③ 写出该柏氏矢量的方向和大小；

④ 求出此两位错的柏氏矢量和。

习题 2-7　设面心立方晶体中的 $(11\bar{1})$ 为滑移面，位错滑移后的滑移矢量为$\frac{a}{2}[\bar{1}10]$。

① 在晶胞中画出柏氏矢量 $\boldsymbol{b}$ 的方向并计算出其大小。

② 在晶胞中画出引起该滑移的刃型位错和螺型位错的位错线方向，并写出此二位错线的晶向指数。

习题 2-8　若面心立方晶体中有 $\boldsymbol{b}=\frac{a}{2}[\bar{1}01]$ 的单位位错及 $\boldsymbol{b}=\frac{a}{6}[12\bar{1}]$ 的不全位错，此二位错相遇产生位错反应。

① 此反应能否进行？为什么？

② 写出合成位错的柏氏矢量，并说明合成位错的类型。

2.6.2　参考答案

习题 2-1　略。

习题 2-2　点缺陷一方面引起内能升高，同时引起熵值增加，使自由能降低。这样使体系在一定温度下存在着一个平衡点缺陷浓度。

习题 2-3　一根位错线能否全为刃型位错或螺型位错？

根据位错线与柏氏矢量之间的夹角判断，若一个位错环的柏氏矢量垂直于位错环线上各点位错，则该位错环上各点位错性质相同，均为刃型位错；但若位错环的柏氏矢量与位错线所在的平面平行，则有的为纯刃型位错，有的为纯螺型位错，有的则为混合位错；当柏氏矢量与位错环线相交成一定角度时，尽管此位错环上各点均为混合位错，然而各点的刃型和螺型分量不同。

习题 2-4　两位错在外力作用下将向上弯曲并不断扩大，当其扩大相遇时，将于相互连接处断开，放出一个大的位错环。新位错源的长度为 $5x$，将之代入，F-R 源开动所需的临界切应力：

$$\tau_c=\frac{G\mid\boldsymbol{b}\mid}{L}=\frac{G\mid\boldsymbol{b}\mid}{5x}$$

若两个位错 AB 和 CD 的 $\boldsymbol{b}$ 相反时，在它们扩大靠近时将相互产生斥力，从而使位错环的扩展阻力增大，并使位错环的形状发生变化。随着位错环的不断扩展，斥力越来越大，最后将完全抑制彼此的扩展运动而相互钉扎住。

习题 2-5　位错反应条件

几何条件：

$$\boldsymbol{b}_1+\boldsymbol{b}_2=\left(\frac{1}{2}-\frac{1}{6}\right)a+\frac{2}{6}b+\left(-\frac{1}{2}+\frac{1}{6}\right)c=\frac{1}{3}a+\frac{1}{3}b-\frac{1}{3}c=\frac{a}{3}[11\bar{1}]$$

能量条件：

$$\left|\frac{a}{2}\sqrt{2}\right|^2+\left|\frac{a}{6}\sqrt{6}\right|^2=\left(\frac{a^2}{2}+\frac{a^2}{6}\right)>\frac{a^2}{3}$$

因此$\frac{a}{2}[10\bar{1}]+\frac{a}{6}[\bar{1}21]\longrightarrow\frac{a}{3}[11\bar{1}]$位错反应能进行。

对照汤普森四面体，此位错反应相当于：

$$\underset{（全位错）}{CA}\quad+\quad\underset{（肖克莱）}{\alpha C}\quad\longrightarrow\quad\underset{（弗兰克）}{\alpha A}$$

新位错$\frac{a}{3}[11\bar{1}]$的位错线为（$\overline{111}$）和（$11\bar{1}$）的交线位于（001）面上，且系纯刃型位错。由于（001）面系 fcc 非密排面，故不能运动，系固定位错。

习题 2-6

① 图略。其柏氏矢量是指在完整晶体中回路终点指向起点的一个有向线段；

② 其柏氏矢量也随之反向；

③ $\boldsymbol{b}_1=a[100]$，$\boldsymbol{b}_2=a[\bar{1}00]$；

④ $\boldsymbol{b}=0$。

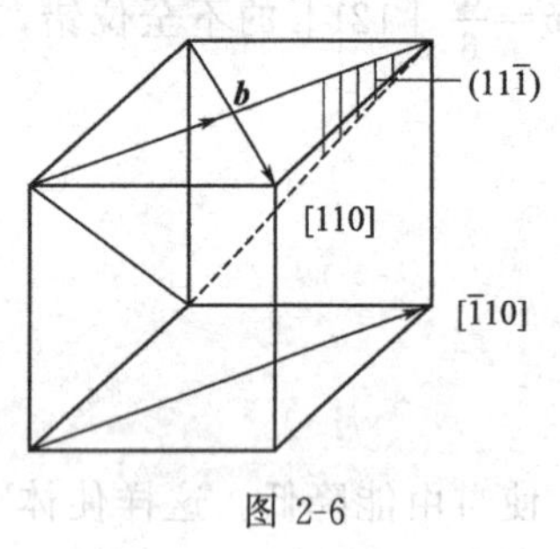

图 2-6

习题 2-7

① $\boldsymbol{b}=\frac{a}{2}[\bar{1}10]$，其大小为$|\boldsymbol{b}|=\frac{\sqrt{2}}{2}a$，其方向如图 2-6 所示。

② 位错线方向及指数如图 2-6 所示。

习题 2-8

① 能够进行。因为既满足几何条件：$\sum\boldsymbol{b}$前$=\sum\boldsymbol{b}$后$=\frac{a}{3}[\bar{1}11]$，又满足能量条件

$$\sum\boldsymbol{b}^2_{前}=\frac{2}{3}a^2>\sum\boldsymbol{b}^2_{后}=\frac{1}{3}a^2$$

② $\boldsymbol{b}_{合}=\frac{a}{3}[\bar{1}11]$；该位错为弗兰克不全位错。

第3章 凝固

3.1 基本要求

① 熟悉凝固的基本规律。

② 掌握金属结晶的热力学条件、结构条件和能量条件。能运用高等数学和物理化学的知识，推导出 ΔG_V、均匀形核时 r_k 和 ΔG_k 的公式，并弄清其物理意义。掌握非均匀形核的特点和本质。熟悉影响形核率的主要因素。

③ 了解晶体长大机制，熟悉界面微观结构和温度梯度对晶体长大形态的影响。

④ 掌握生产中细化铸件晶粒的常用方法及其原理，了解凝固理论在单晶制备、定向凝固和制取非晶态金属等方面的应用。

3.2 内容提要

3.2.1 金属结晶的基本规律

3.2.1.1 结晶必须过冷

金属的实际开始结晶温度 T_n 总是低于理论结晶温度 T_m，这种现象称为过冷，过冷是结晶的必要条件。过冷度 $\Delta T = T_m - T_n$。冷却速度越大，过冷度越大。

3.2.1.2 结晶基本过程是形核与长大

3.2.2 金属结晶的热力学条件

结晶热力学条件是固相的自由能低于液相的自由能，即 $G_S < G_L$，或者说 $\Delta G = G_S - G_L < 0$。只有在过冷的条件下，才能使 $G_S < G_L$，$\Delta G = G_S - G_L < 0$。

结晶的驱动力是液相和固相的体积自由能差。单位体积自由能差为：

$$\Delta G_V = G_L - G_S = \frac{L_m}{T_m}\Delta T \tag{3-1}$$

由式（3-1）可知，ΔG_V 随过冷度增大呈线性增加。过冷度越大，结晶驱动力越大。

3.2.3 均匀形核

（1）液相和固相体积自由能差是驱动力，表面自由能的增加是阻力。

（2）临界晶核半径 r_k

$$r_k = \frac{2\sigma}{\Delta G_V} = \frac{2\sigma T_m}{L_m \Delta T} \tag{3-2}$$

当晶胚尺寸 $r > r_k$ 时，晶胚长大伴随着系统自由能的降低，所以晶胚可以稳定下来成为晶核。$r < r_k$ 的晶胚不能成核，只能消失。$r = r_k$ 的晶胚既可能消失，又可能长大成核。r_k 称为临界晶核半径。

（3）临界形核功 ΔG_k

$$\Delta G_k=-\frac{4}{3}\pi r_k{}^3\Delta G_V+4\pi r_k{}^2\sigma=\frac{16\pi\sigma^3}{3(\Delta G_V)^2}=\frac{16\pi\sigma^3T_m^2}{3L_m^2\Delta T^2} \tag{3-3}$$

$$\Delta G_k=\frac{1}{3}S_k\sigma=\frac{1}{2}V_k\Delta G_V \tag{3-4}$$

式中，S_k、V_k 表示临界晶核表面积、体积。式（3-4）表明，形成临界晶核时，体积自由能的降低只能抵偿表面能增加的三分之二，另外三分之一表面能的增加则需要形核功来供给。形核功由液相中的能量起伏提供。

结构起伏和能量起伏是形核的基础。当过冷度 ΔT 增大时，r_k 和 ΔG_k 都减小，所需结构起伏和能量起伏小，有利于形核。

(4) 形核率与过冷度的关系

① 当过冷度 $\Delta T \geqslant \Delta T^*$（临界过冷度）时，才可能形核。

② 形核率先是随过冷度增大而增大，超过极大值后，随过冷度增大而减小。

③ 金属的凝固倾向极大，一般在达到极大值前，已经凝固完毕。

3.2.4　非均匀形核

实际生产中，非均匀形核是形核的主要方式。设非均匀形核的晶核为球冠状。

3.2.4.1　临界晶核（曲率）半径 r'_k

$$r'_k=\frac{2\sigma_{SL}}{\Delta G_V}=\frac{2\sigma_{SL}T_m}{L_m\Delta T}=r_k \tag{3-5}$$

非均匀形核的临界晶核（曲率）半径与均匀形核的临界晶核半径相等，但非均匀形核的晶核为球冠状，体积小，形核所需结构起伏小。

3.2.4.2　临界形核功 $\Delta G'_k$

$$\Delta G'_k=\left(-\frac{4}{3}\pi r'^3_k\Delta G_V+4\pi r'^2_k\sigma_{SL}\right)\left(\frac{2-3\cos\theta+\cos^3\theta}{4}\right)$$

$$\Delta G'_k=\Delta G_k\left(\frac{2-3\cos\theta+\cos^3\theta}{4}\right) \tag{3-6}$$

$$\Delta G'_k=\frac{1}{2}V'_k\Delta G_V=\frac{1}{3}\Delta G'_S\qquad(\Delta G'_S=\sigma_{SL}A_{SL}+\sigma_{SW}A_{SW}-\sigma_{LW}A_{SW}) \tag{3-7}$$

式（3-7）中，V'_k 表示球冠状临界晶核的体积；$\Delta G'_S$ 表示形成球冠状晶核时表面自由能的增加；A_{SL} 表示球冠状晶核与液体之间的表面积；A_{SW} 表示晶核与固体基底的界面面积。由式（3-6）可知，非均匀形核的形核功恒小于均匀形核，形核所需能量起伏小。

3.2.4.3　接触角 θ

接触角 θ 的大小和晶核与固体基底之间的表面能 σ_{SW} 密切相关。σ_{SW} 越小，θ 角越小，晶核体积、形核功越小，形核所需结构起伏和能量起伏就越小，越有利于形核。

3.2.4.4　影响形核率的因素

(1) 过冷度的影响　与均匀形核相比，非均匀形核所需过冷度小得多；并且随过冷度增大，形核率增加达到极大值后，还要下降一段，然后形核终止。

(2) 固体杂质的影响　①如果固体杂质结构与晶核结构符合点阵匹配原则，即“结构相似，大小相当”，就可以大大减小 σ_{SW}，获得小的 θ 角，有效地促进非均匀形核；②在曲率半径和 θ 角相同的情况下，固体杂质表面为凹面时晶核体积较小，形核较容易。

(3) 物理因素　如振动、搅拌等。

3.2.5　晶核的长大

3.2.5.1　长大的实质和必要条件

晶核长大的实质是液相原子迁移到固相上的速率大于固相原子迁移到液相上的速率，使固-液界面向液体中推进。

长大的必要条件是界面过冷度大于零。和形核相似，晶核要长大，必须在固-液界面前沿液体中有一定的过冷度，这种过冷度称为动态过冷度。动态过冷度远小于形核所需要的临界过冷度。

3.2.5.2　固-液界面的微观结构和晶体长大机制

光滑界面：横向长大机制，包括二维晶核长大机制和依靠晶体缺陷长大机制。

粗糙界面：垂直长大机制，长大速度快。

3.2.5.3　晶体长大形态与温度梯度、界面微观结构的关系

在正温度梯度下，具有粗糙界面结构的晶体呈平面状长大形态；具有光滑界面结构的晶体，固-液界面呈小台阶状，相似于平面状长大形态。

在负温度梯度下，具有粗糙界面结构的晶体呈树枝状长大形态；具有光滑界面结构的晶体，有的出现树枝状长大特征，有的则仍保持小台阶状长大形态。

3.2.5.4　长大速度（长大线速度）与过冷度的关系

当界面过冷度大于动态过冷度时，晶体才能长大。具有粗糙界面的大多数金属，动态过冷度很小，在较小的过冷度下即可获得较大的长大速度，其长大速度一般随过冷度的增大而增大。

3.2.6　凝固理论的应用

3.2.6.1　金属铸件晶粒的控制

常温下，晶粒越细小，强度越高，塑性、韧性也越好。因此控制铸件晶粒的大小具有重要的实际意义。铸件晶粒大小取决于两个重要因素：形核率 N 和长大速度 G。N/G 的比值越大，晶粒越细小。通过增大形核率 N 或减小长大速度 G 或通过其他方法来增加 N/G 的比值，都会使晶粒得到细化。常用方法有：①增加过冷度（适于小件或薄壁铸件）；②变质处理；③浇注时，采用振动和搅拌等方法，让熔液在铸模中运动。

3.2.6.2　凝固理论在新材料、新技术方面的应用

单晶体的制备、定向凝固、非晶态金属的获得等都是建立在凝固理论的基础上。金属熔体转变为非晶态的能力，既取决于冷却速度，也取决于合金的成分。纯金属采用目前的熔体急冷技术还难以形成非晶态，而某些合金采用现有的急冷技术能获得非晶态。获得非晶态合金的成分范围往往是在共晶成分附近。

3.3　疑难解析

3.3.1　形核功的由来

晶胚成核的条件是晶胚尺寸 $r \geqslant r_k$。当晶核半径在 $r_k \sim r_0$ 之间时，虽然它的长大会使系统的自由能降低，但它毕竟是在 $\Delta G > 0$ 的条件下形成的，即形成晶核时，体积自由能的降低还不能完全抵偿表面自由能的增加，还有一部分表面自由能的增加必须由外界对形核区做

功来供给。这部分由外界提供的能量称为形核功。

形成半径在 $r_k \sim r_0$ 之间的晶核所需要的形核功大小不等，形成临界晶核时需要的形核功最大，称为临界形核功。临界形核功等于于形成临界晶核时表面能增加的 1/3。形成半径 $r \geqslant r_0$ 的晶核时不需要形核功。

形核功由外界提供，“外界”是指形核区周围的液体。形核功由液体中的能量起伏来提供。

3.3.2 为什么晶胚尺寸小于 r_k 时不能成核

液体结晶为固体时，体积自由能的降低是结晶的驱动力，表面能的增加是结晶的阻力。晶胚能否稳定下来成为晶核，取决于晶胚长大时系统总的自由能升高还是降低。若晶胚长大会使系统总的自由能降低，晶胚便会稳定下来自发长大而成为晶核；反之，晶胚则不能成核，而是自行消亡。对于那些小于临界半径的晶胚，当它们长大时，体积自由能的降低不足以抵偿表面能的增加，从而使系统总的自由能进一步增大，故它们不能长大，只能自行消亡，它们的消亡会使系统总的自由能降低。

3.3.3 非均匀形核比均匀形核更容易的根本原因

非均匀形核比均匀形核更容易的根本原因是减少了表面自由能的增加，即减少了形核的阻力。设均匀形核时表面自由能的增加为 ΔG_S，而非均匀形核时表面自由能的增加则为 $\Delta G_S' = \Delta G_S\left(\frac{2-3\cos\theta+\cos^3\theta}{4}\right)$。可以看出，非均匀形核时表面自由能的增加恒小于均匀形核。由于减少了表面自由能的增加，非均匀形核时具有较小的临界晶核体积和临界形核功，形核所需要的结构起伏和能量起伏小，所以非均匀形核可在较小过冷度下进行，形核更容易。

3.3.4 动态过冷度与界面过冷度的区别

界面过冷度 ΔT_i 是指固-液界面前沿液相的界面温度 T_i 与理论结晶温度 T_m 之差，即 $\Delta T_i = T_m - T_i$。界面过冷度不是固定值，随界面温度 T_i 的变化而改变。

动态过冷度 ΔT_k 是指晶体长大所必需的界面过冷度。只有当界面过冷度大于动态过冷度即 $\Delta T_i > \Delta T_k$ 时，晶体才能长大。每种物质都有固定的动态过冷度，一般金属大约为 0.01～0.05℃，具有光滑界面的物质约为 1～2℃。

3.4 学习方法指导

3.4.1 重理解，理思路

本章内容具有较强的条理性和系统性，建议通过“重理解，理思路”来掌握，而不是单纯的死记硬背。例如本章内容可大致概括为如图 3-1 所示的思路。

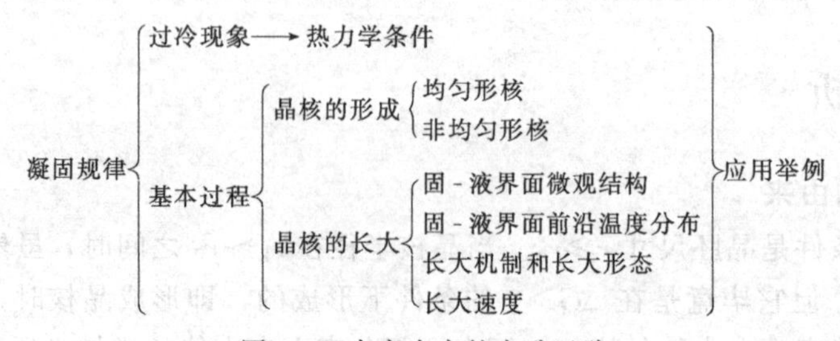

图 3-1 本章内容的大致思路

又如“晶核长大”这部分内容可以理出如图 3-2 所示的思路。

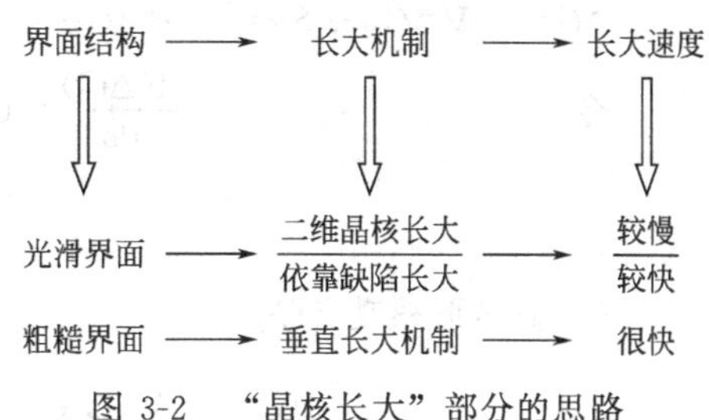

图 3-2 “晶核长大”部分的思路

3.4.2 比较法的应用

形核的方式有两种：均匀形核和非均匀形核。由于非均匀形核原理是建立在均匀形核的基础上的，所以首先要掌握均匀形核理论。研究均匀形核的基本理论和思路同样适用于非均匀形核，但是两者有明显的差别。在学习非均匀形核时，可以和均匀形核进行比较。比较它们在晶核的形状和体积、表面自由能的变化、临界晶核半径、临界形核功、形核率与过冷度关系等方面的异同。通过比较，加深理解非均匀形核的特点以及形核容易的根本原因。

3.5 例题

例题 3-1 试述结晶的热力学条件、能量条件及结构条件。

解：结晶的热力学条件：固相的自由能低于液相的自由能，即 $G_S<G_L$，或者说 $\Delta G=G_S-G_L<0$。只有在过冷的条件下，才能使 $G_S<G_L$，$\Delta G=G_S-G_L<0$。

当形成半径在 $r_k \sim r_0$ 之间的晶核时需要形核功，形核功由液相中的能量起伏来提供。因此能量起伏是结晶需要具备的能量条件。

液相中的结构起伏是产生晶核的基础。因此，结构起伏是结晶必须具备的结构条件。

例题 3-2 固态金属熔化时是否会出现过热现象？为什么？

解：金属结晶需在一定的过冷度下进行，是因为结晶时表面能增加造成阻力。固态金属熔化时是否会出现过热现象，需要看熔化时表面能的变化。如果熔化前后表面能是降低的，则不需要过热；反之，则可能出现过热。

如果熔化时，液相与气相接触，当有少量液体金属在固体表面形成时，就会很快覆盖在整个固体表面（因为液体金属总是润湿其同种固体金属），如图 3-3 所示。熔化时表面自由能的变化为：

$$\Delta G_{表面}=G_{终态}-G_{始态}=A\ (\sigma_{GL}+\sigma_{SL}-\sigma_{SG})$$

式中，$G_{始态}$ 表示金属熔化前的表面自由能；$G_{终态}$ 表示当在少量液体金属在固体金属表面形成时的表面自由能；A 表示液态金属润湿固态金属表面的面积；σ_{GL}、σ_{SL}、σ_{SG} 分别表示气-液相比表面能、固-液相比表面能、固-气相比表面能。因为液态金属总是润湿其同种固体金属，根据润湿时表面张力之间的关系可写出：$\sigma_{SG} \geqslant \sigma_{GL}+\sigma_{SL}$。这说明在熔化时，表面自由能的变化 $\Delta G_{表面} \leqslant 0$，即不存在表面能障碍，也就不必过热。实际金属多属于这种情况。如果固体金属熔化时液相不与气相接触，则有可能使固体金属过热。

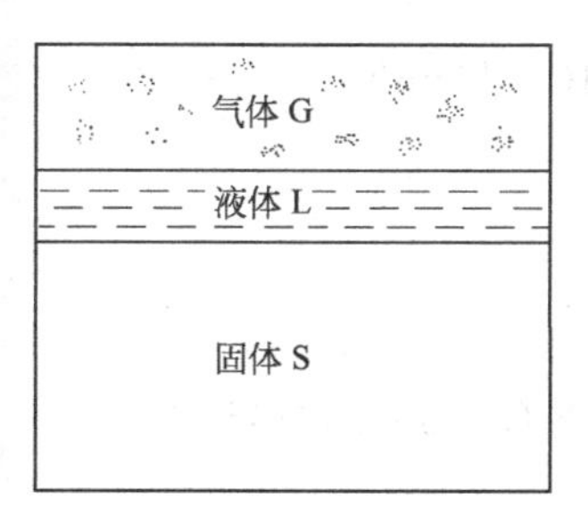

图 3-3 液体覆盖在整个固体表面

例题 3-3 假定均匀形核时形成边长为 a 的立方体晶核，单位体积自由能差为 ΔG_V，单位面积表面能为 σ。

① 求临界晶核边长 a_k；

② 求临界形核功 ΔG_k；

③ 求临界形核功与表面能增加的关系。

解：① 临界晶核边长 a_k

$\Delta G=-V\Delta G_V+S\sigma=-a^3\Delta G_V+6a^2\sigma$（$V$、$S$ 表示晶核体积、表面积）

令　　$\dfrac{d(\Delta G)}{da}=0 \qquad -3a_k^2\Delta G_V+12a_k\sigma=0$

$$a_k=\frac{4\sigma}{\Delta G_V}$$

② 临界形核功 ΔG_k

$$\Delta G_k=-V_k\Delta G_V+S_k\sigma=-\left(\frac{4\sigma}{\Delta G_V}\right)^3\Delta G_V+6\left(\frac{4\sigma}{\Delta G_V}\right)^2\sigma$$

$$\Delta G_k=\frac{32\sigma^3}{(\Delta G_V)^2}$$

③ 临界形核功与表面能增加的关系

$\Delta G_k=\dfrac{32\sigma^3}{(\Delta G_V)^2}$　　　表面能增加 $S_k\sigma=6\left(\dfrac{4\sigma}{\Delta G_V}\right)^2\sigma=\dfrac{96\sigma^3}{(\Delta G_V)^2}$

故：$\Delta G_k=\dfrac{1}{3}S_k\sigma$　即临界形核功等于表面能增加的三分之一。

例题 3-4　设晶核是半径为 r 的球形，金属元素的相对原子质量为 A_r，密度为 ρ，阿佛伽德罗常数为 N_0，求临界晶核中所含原子数 n 的表达式。

解： 晶核为球形时，临界晶核半径为：　$r_k=\dfrac{2\sigma}{\Delta G_V}$

$$n=N_0\frac{\rho V_k}{A_r}=\frac{N_0\rho}{A_r}\times\frac{4}{3}\pi\left(\frac{2\sigma}{\Delta G_V}\right)^3=\frac{32\pi\sigma^3\rho N_0}{3A_r(\Delta G_V)^3}$$

例题 3-5　已知纯镍在 1 个大气压下，过冷度为 319℃时发生均匀形核。设临界晶核半径为 1nm，纯镍的熔点为 1726K，熔化热 $\Delta H_m=18075$J/mol，摩尔体积 $V=6.6\text{cm}^3$/mol，计算纯镍的液-固相界面能和临界形核功。

解： 已知临界晶核半径 $r_k=\dfrac{2\sigma}{\Delta G_V}=\dfrac{2\sigma T_m}{L_m\Delta T}$，式中的 ΔG_V、L_m 分别指单位体积自由能差和单位体积熔化热。根据题中给出的摩尔熔化热 ΔH_m 和摩尔体积 V，则可计算单位体积熔化热 $L_m=\dfrac{\Delta H_m}{V}$。

① 液-固相界面能 σ

$$r_k=\frac{2\sigma T_m}{L_m\Delta T}=\frac{2\sigma T_m}{\dfrac{\Delta H_m}{V}\Delta T}=\frac{2\sigma T_m V}{\Delta H_m\Delta T}$$

$$\sigma=\frac{r_k\Delta H_m\Delta T}{2T_mV}=\frac{1\times10^{-7}\times18075\times319}{2\times1726\times6.6}=2.53\times10^{-5}\text{J/cm}^2$$

② 临界形核功 ΔG_k

$$\Delta G_k=\frac{1}{3}S_k\sigma=\frac{4}{3}\pi\left(\frac{2\sigma T_mV}{\Delta H_m\Delta T}\right)^2\sigma$$

$$=\frac{4\times3.14}{3}\times\left(\frac{2\times1726\times6.6}{18075\times319}\right)^2\times(2.53\times10^{-5})^3$$

$$\Delta G_k=1.06\times10^{-18}\text{J}$$

例题 3-6　设非均匀形核的晶核为球冠状（图 3-4），形核时表面自由能的增加为 $\Delta G'_S$，证明临界形核功 $\Delta G'_k$ 等于其表面自由能增加的三分之一，即 $\Delta G'_k=\dfrac{1}{3}\Delta G'_S$。

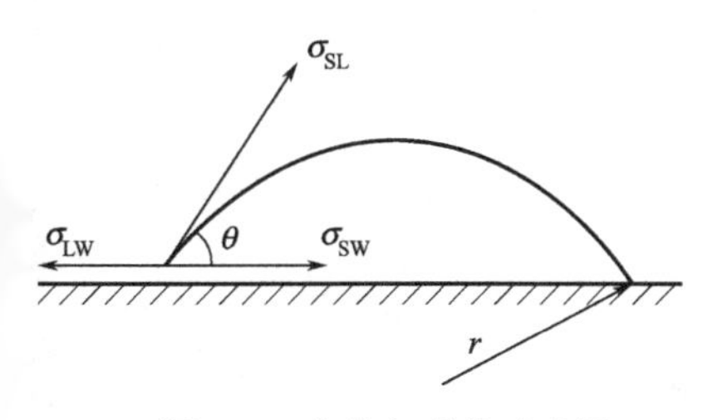

图 3-4 非均匀形核示意图

证明：设液体与晶核、晶核与固体基底之间的界面面积分别为 A_{SL}、A_{SW}：

$$A_{SL}=2\pi r^2(1-\cos\theta) \tag{3-8}$$

$$A_{SW}=\pi r^2\sin^2\theta \tag{3-9}$$

$$\sigma_{LW}=\sigma_{SW}+\sigma_{SL}\cos\theta \tag{3-10}$$

$$\Delta G_S'=\sigma_{SL}A_{SL}+\sigma_{SW}A_{SW}-\sigma_{LW}A_{SW}$$

$$=\sigma_{SL}A_{SL}+(\sigma_{SW}-\sigma_{LW})A_{SW} \tag{3-11}$$

将式（3-8）～式（3-10）代入式（3-11），得：

$$\Delta G_S'=\pi r^2\sigma_{SL}(2-3\cos\theta+\cos^3\theta) \tag{3-12}$$

$$\Delta G_k'=\left(-\frac{4}{3}\pi r_k'^3\Delta G_V+4\pi r_k'^2\sigma_{SL}\right)\left(\frac{2-3\cos\theta+\cos^3\theta}{4}\right)$$

$$=\left(-\frac{1}{3}\pi r_k'^3\frac{2\sigma_{SL}}{r_k'}+\pi r_k'^2\sigma_{SL}\right)(2-3\cos\theta+\cos^3\theta)$$

$$\Delta G_k'=\frac{1}{3}\pi r_k'^2(2-3\cos\theta+\cos^3\theta)\sigma_{SL} \tag{3-13}$$

将式（3-12）代入式（3-13），得：

$$\Delta G_k'=\frac{1}{3}\Delta G_S'$$

例题 3-7 设非均匀形核的临界晶核为球冠状，证明其临界形核功 $\Delta G_k'$ 与临界晶核体积 V_k' 的关系：$\Delta G_k'=\frac{1}{2}V_k'\Delta G_V$

证明：已知球冠状临界晶核体积为：$V_k'=\frac{1}{3}\pi r_k'^3(2-3\cos\theta+\cos^3\theta)$

$$\Delta G_k'=\left(-\frac{4}{3}\pi r_k'^3\Delta G_V+4\pi r_k'^2\sigma_{SL}\right)\left(\frac{2-3\cos\theta+\cos^3\theta}{4}\right)$$

$$\Delta G_k'=-\frac{1}{3}\pi r_k'^3(2-3\cos\theta+\cos^3\theta)\Delta G_V+\pi r_k'^2(2-3\cos\theta+\cos^3\theta)\sigma_{SL}$$

$$=-V_k'\Delta G_V+\frac{3V_k'}{r_k'}\sigma_{SL}=-V_k'\Delta G_V+\frac{3V_k'\Delta G_V}{2\sigma_{SL}}\sigma_{SL}$$

$$\Delta G_k'=\frac{1}{2}V_k'\Delta G_V$$

例题 3-8 细化金属铸件晶粒的方法有哪些？说明其基本原理。

解：金属铸件晶粒大小取决于形核率 N 和长大速度 G，N/G 的比值越大，晶粒越细小；反之，晶粒越粗大。所以可以通过增加形核率 N 或减小长大速度 G 或其他方法来增加 N/G 的比值使晶粒得到细化。具体方法有：

① 增加过冷度。过冷度增加，N 和 G 都随之增加，但是 N 的增长率大于 G 的增长率。因此 N/G 的比值增加，晶粒细化。此种方法适用于小件或薄壁零件。

② 变质处理。在液态金属浇注时加入变质剂。变质剂作用有两种情况：①多数变质剂的作用是促使发生非均匀形核，使晶核数目增加，提高形核率 N；②有的变质剂可以抑制晶体长大，显著减慢长大速度 G。不论哪种情况，都能提高 N/G 的比值，使晶粒细化。

③ 振动和搅拌，加剧熔液在铸模中运动。一方面可以提供形核所需要的能量，另一方面可以使正在生长的晶体破碎，碎晶块可作为结晶核心，从而提高了形核率 N 和 N/G 的比值，使晶粒细化。

3.6　习题及参考答案

3.6.1　习题

习题 3-1　解释下列基本概念和术语

凝固、结晶、过冷、过冷度、结构起伏、相起伏、晶胚；

形核、均匀形核、非均匀形核、临界晶核半径、临界晶核、形核功、临界形核功、能量起伏、临界过冷度、形核率、有效过冷度、点阵匹配原理；

动态过冷度、界面过冷度、粗糙界面、光滑界面、垂直长大、横向长大、二维晶核、正温度梯度、负温度梯度、树枝晶、柱状晶粒、等轴晶粒、长大速度；

定向凝固、非晶态金属、微晶合金。

习题 3-2　判断下列说法是否正确，并说明理由。

① 液态金属只要过冷到其熔点以下就会发生结晶。

② 非均匀形核时，临界晶核（曲率）半径决定了晶核的形状和体积大小。

③ 无论固-液界面微观结构呈粗糙型还是光滑型，晶体生长时液相原子都是一个个地沿着固相面的垂直方向连接上去的。

④ 金属铸件晶粒大小取决于形核率 N 和长大速度 G。只有增加形核率 N，同时降低长大速度 G，才能使晶粒细化。

⑤ 无论温度分布如何，纯金属都是以树枝状方式生长。

⑥ 纯金属结晶时的过冷度是指在冷却曲线上出现平台的温度与熔点之差。

⑦ 在任何温度下，液相中出现的最大结构起伏都能成为晶核。

⑧ 所谓临界晶核，就是体系自由能的减少完全抵偿表面自由能的增加时的晶胚大小。

⑨ 在液态金属中，凡是涌现出小于临界晶核半径的晶胚都不能成核，但是只要有足够的能量起伏提供形核功，还是可以成核的。

⑩ 非均匀形核总是比均匀形核容易，因为非均匀形核一般是以外加固体杂质作为现成晶核，不需要形核功。

⑪ 若在过冷液体中，外加 10000 颗形核剂，则结晶后可以形成 10000 颗晶粒。

⑫ 非均匀形核，当接触角 $\theta=0^\circ$ 时，非均匀形核的形核功最大。

⑬ 欲使金属铸件晶粒细化，可以寻找那些熔点低且与该金属点阵常数相近的形核剂，其形核的催化效能最高。

⑭ 固-液界面的微观结构可根据杰克逊因子 α 来判断：当 $\alpha\leqslant 2$ 时，固-液界面为光滑界面；当 $\alpha\geqslant 5$ 时，固-液界面为粗糙界面。

⑮ 结晶的热力学条件是：$\Delta G=-V\Delta G_V+S\sigma<0$。

⑯ 不论晶核大小，形成晶核时都需要形核功。

⑰ 纯金属结晶时若呈垂直方式生长，其界面时而光滑，时而粗糙，交替变化。

⑱ 从宏观上观察，若液-固界面是平直的称为光滑界面；若液-固界面是由若干小平面组成，呈锯齿形的称为粗糙界面。

⑲ 纯金属结晶以树枝状方式生长，或以平面状方式生长，与该金属的熔化熵无关。

⑳ 一般金属结晶时，形核率随着过冷度的增加而增加，超过某一极大值后，出现相反的变化。

习题 3-3　液态金属结晶时，为什么必须过冷？

习题 3-4　以均匀形核为例，说明为什么晶胚成核需要有一个临界过冷度？

习题 3-5　设均匀形核的晶核是半径为 r 的球形，推导临界晶核半径 $r_k=\frac{2\sigma}{\Delta G_V}$和临界形核功 $\Delta G_k=\frac{1}{3}S_k\sigma$。

习题 3-6　设晶核是半径为 r 的球形，证明均匀形核时的临界形核功 ΔG_k 与临界晶核体积 V_k 之间的关系：$\Delta G_k=\frac{1}{2}V_k\Delta G_V$。

习题 3-7　说明临界晶核半径 r_k 和临界形核功 $\Delta G_k=\frac{1}{3}S_k\sigma$ 表示的物理意义。

习题 3-8　判断图 3-5（a）、（b）两图中，哪个正确？根据凝固理论说明原因。

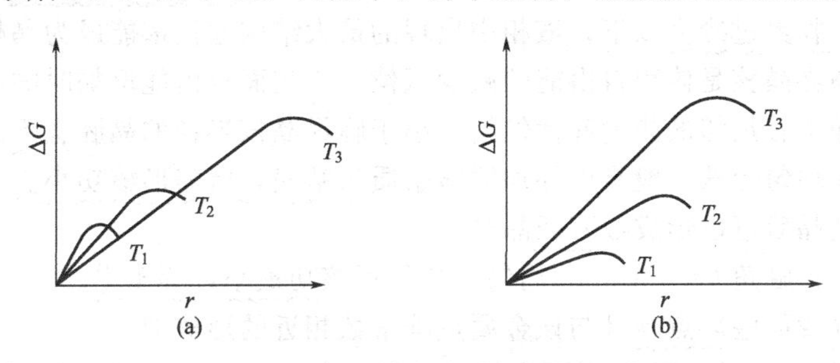

图 3-5　自由能变化与晶胚尺寸 r 的关系

$T_3>T_2>T_1$

习题 3-9　液态铝在 1 个大气压下，过冷度为 200℃时发生均匀形核。纯铝的熔点为 $T_m=993\text{K}$，单位体积熔化热 $L_m=1.836\times10^9\text{J/m}^3$，固-液相比界面能 $\sigma=93\times10^{-3}\text{J/m}^2$。计算：①临界晶核半径 r_k；②固-液相单位体积自由能差 ΔG_V；③临界形核功 ΔG_k。

习题 3-10　若均匀形核的晶核为立方体，试求出临界晶核中所含原子数 n 的表达式。

习题 3-11　证明在同样过冷度下均匀形核时，球形晶核较立方晶核更容易形成。

习题 3-12　能否说过冷度越大，形核率越大？为什么？

习题 3-13　简述均匀形核规律。

习题 3-14　设非均匀形核的晶核为球冠状，推导临界晶核（曲率）半径 $r'_k=\frac{2\sigma_{SL}}{\Delta G_V}$和临界形核功 $\Delta G'_k=\Delta G_k\left(\frac{2-3\cos\theta+\cos^3\theta}{4}\right)$。（$\Delta G_k$ 表示均匀形核的临界形核功）

习题 3-15　设非均匀形核的晶核为球冠状，当晶核稳定存在时，三种表面能之间存在如下关系：$\sigma_{LW}=\sigma_{SW}+\sigma_{SL}\cos\theta$。根据此关系分析说明什么样的固体杂质才能有效地促进形核？

习题 3-16　比较均匀形核和非均匀形核的异同，并说明为什么非均匀形核比均匀形核所需过冷度小，形核更容易？

习题 3-17　具有粗糙界面的金属，在何种温度梯度下以平面方式长大？在何种温度梯度下以树枝状方式长大？分别说明其长大过程。

习题 3-18　简述金属结晶的基本规律。

习题 3-19　试分析单晶体形成的基本原理。

习题 3-20　何谓急冷凝固技术？举例说明急冷凝固技术在制取新材料方面的应用。

3.6.2 参考答案

习题 3-1 略。

习题 3-2 ①错误；液态金属只有过冷到其熔点以下的一定温度才会发生结晶。

② 错误；非均匀形核，临界晶核（曲率）半径和 θ 角共同决定晶核形状和体积大小。

③ 错误；固-液界面微观结构呈粗糙型时，晶体生长时液相原子都是一个个地沿着固相面的垂直方向连接上去的。

④ 错误；不一定，增大形核率 N 或减小长大速度 G 或通过其他方法来增加 N/G 的比值，都可以使晶粒细化。

⑤ 错误；在负的温度梯度下，纯金属以树枝状方式生长。

⑥ 错误；纯金属结晶时的过冷度是指在冷却曲线上实际开始凝固温度与熔点之差。

⑦ 错误；在临界过冷度以下，液相中出现的最大结构起伏都能成为晶核。

⑧ 错误；临界晶核是体积自由能的减少抵偿 2/3 表面自由能增加时的晶胚大小。

⑨ 错误；即使有足够的能量起伏供给，小于临界晶核半径的晶胚也不能成核。

⑩ 错误；非均匀形核一般是以外加固体杂质为基底，所需形核功小。

⑪ 错误；结晶后可以形成数万颗晶粒。

⑫ 错误；当接触角 $\theta=0^\circ$ 时，非均匀形核的形核功最小，等于零。

⑬ 错误；寻找那些熔点高且与该金属点阵常数相近的形核剂。

⑭ 错误；当 $\alpha\leqslant2$ 时，固-液界面为粗糙界面；当 $\alpha\geqslant5$ 时，为光滑界面。

⑮ 错误；结晶的热力学条件是：$G_S<G_L$，或者说 $\Delta G=G_S-G_L<0$。

⑯ 错误；晶核半径在 $r_k\sim r_0$ 之间时需要形核功，$r\geqslant r_0$ 不需要形核功。

⑰ 错误；纯金属结晶时若呈垂直方式生长，其界面始终是粗糙界面。

⑱ 错误；从宏观上观察，若液-固界面是平直的为微观粗糙界面；若液-固界面是由若干小平面组成、呈锯齿形的则为微观光滑界面。

⑲ 错误；纯金属结晶时的生长方式与该金属的熔化熵有关。

⑳ 错误；金属结晶倾向很大，形核率随过冷度增加而增加，一般不会超过极大值。

习题 3-3 结晶必须在过冷的条件下进行，是由热力学条件决定的。热力学第二定律指出：在等温等压的条件下，物质系统总是自发地从自由能较高的状态向自由能较低的状态转变。就是说，要由液体结晶为固体，固体的自由能必须低于液体的自由能。由液体和固体的自由能随温度变化曲线可知，只有当温度低于理论结晶温度时，固体的自由能才能低于液体的自由能，结晶才有驱动力。所以液态金属结晶时必须过冷。

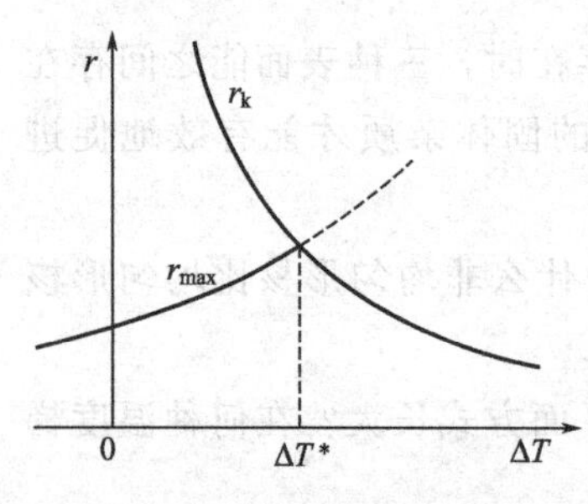

图 3-6 r_k 和 r_{max} 与 ΔT 的关系

习题 3-4 如图 3-6 所示，临界晶核半径 r_k 随过冷度 ΔT 的增加而减小，而液相中的最大晶胚尺寸 r_{max} 随过冷度 ΔT 的增加而增大，图中两曲线的交点所对应的过冷度即为临界过冷度 ΔT^*。当过冷度 $\Delta T<\Delta T^*$ 时，最大晶胚尺寸 r_{max} 都小于临界晶核半径 r_k，故不能成核。当 $\Delta T=\Delta T^*$ 时，最大晶胚尺寸 $r_{max}=r_k$，才有可能成核。当 $\Delta T>\Delta T^*$ 时，不仅最大晶胚尺寸 r_{max}，还包括部分尺寸小于 r_{max} 的晶胚也超过了 r_k，这些晶胚就可以稳定下来成为晶核。所以晶胚成核需要有一个临界过冷度 ΔT^*。

习题 3-5 略。

习题 3-6 略。

习题 3-7 ① 临界晶核半径 r_k

当晶胚尺寸 $r<r_k$ 时，晶胚在液相中不能稳定存在，只能熔解而消失。当 $r>r_k$ 时，晶胚长大伴随系统吉布斯自由能的降低，所以可以稳定下来成为晶核。晶胚尺寸 $r=r_k$ 时，既可能消失，又可能成核，$r=r_k$ 的晶核称为临界晶核，r_k 就是临界晶核半径。它是决定晶胚能否成核的临界尺寸。

② 临界形核功 $\Delta G_k=\dfrac{1}{3}S_k\sigma$

公式表明：形成临界晶核时，体积自由能的降低只能抵偿表面自由能增加的三分之二，还有三分之一的表面自由能的增加需要形核功来供给，形核功来自液相中的能量起伏。

习题 3-8 图 3-5（b）正确。因为当一个晶胚出现时，系统总的自由能变化为：$\Delta G=-\dfrac{4}{3}\pi r^3\Delta G_V+4\pi r^2\sigma=-\dfrac{4}{3}\pi r^3\dfrac{L_m}{T_m}\Delta T+4\pi r^2\sigma$。由公式可以看出：过冷度 ΔT 越大，ΔG 越小，图 3-5（b）符合这一规律。

习题 3-9 ①$r_k=0.50$nm；②$\Delta G_V=3.72\times10^8$J/m^3；③$\Delta G_k=9.73\times10^{-20}$J。

习题 3-10 $n=\dfrac{64\sigma^3\rho N_0}{A_r(\Delta G_V)^3}$，式中 ρ、A_r、N_0 分别表示金属元素的密度、相对原子质量、阿佛伽德罗常数。

习题 3-11 提示：比较球形临界晶核与立方形临界晶核的体积和形核功，临界晶核的体积和形核功较小的，形核容易。

习题 3-12 “过冷度越大，形核率越大”这种说法不准确。因形核率受两个相互矛盾的因素所控制。一方面，随过冷度的增大，临界晶核半径和形核功减小，所需结构起伏和能量起伏小，晶核容易形成；另一方面，过冷度越大，原子扩散能力降低，这又不利于晶核的形成。在一定的过冷度范围内，形核率主要受临界形核功和临界半径所控制，此时，过冷度越大，形核率越大；但当过冷度进一步增加到一定程度后，矛盾的主要方面发生变化，形核率主要受扩散因素所控制，此时过冷度越大，形核率反而减小。因此，不能笼统地说：过冷度越大，形核率越大。

习题 3-13 提示：可从以下几个方面说明：形核的热力学条件、结构条件和能量条件，形核的驱动力和阻力，形核时自由能的变化，临界晶核半径，临界形核功，形核率与过冷度的关系等。

习题 3-14 略。

习题 3-15 非均匀形核时，晶核与固体杂质之间的接触角 θ 越小，对形核越有利。那么接触角 θ 的大小取决于什么呢？由公式 $\sigma_{LW}=\sigma_{SW}+\sigma_{SL}\cos\theta$ 可看出：$\cos\theta=\dfrac{\sigma_{LW}-\sigma_{SW}}{\sigma_{SL}}$，即接触角 θ 的大小取决于三种比表面能的相对大小。在液态金属确定后，σ_{SL}便固定不变，θ 角将取决于 $\sigma_{LW}-\sigma_{SW}$ 的差值。为了获得小的 θ 角（即大的 $\cos\theta$ 值），晶核与固体杂质之间的比表面能 σ_{SW} 越小越好。而 σ_{SW} 值要小，就必须使固体杂质与晶核的结构符合“结构相似，大小相当”的点阵匹配原理。固体杂质与晶核的结构越相似，点阵常数、原子间距等越接近，σ_{SW} 值越小，θ 角越小，促进形核的效能就越高。

习题 3-16 ① 非均匀形核与均匀形核的异同见表 3-1。

② 非均匀形核比均匀形核所需过冷度小、形核更容易的原因见 3.3.3 节。

习题 3-17 略。

表 3-1 非均匀形核与均匀形核的异同

相 同 点	与均匀形核相比，非均匀形核的特点
形核的驱动力和阻力相同	非均匀形核与固体杂质接触，减少了表面自由能的增加
临界晶核半径相等 $r'_k = r_k$	非均匀形核的晶核体积小，形核功小，形核所需结构起伏和能量起伏就小；形核容易，临界过冷度小
形成临界晶核需要形核功	
结构起伏和能量起伏是形核的基础	非均匀形核时晶核形状和体积由 r'_k 和接触角 θ 共同决定；r'_k 相同时，θ 角越小，晶核体积越小，形核越容易
形核需要一个临界过冷度	
形核率在达到极大值之前，随过冷度增大而增加	非均匀形核的形核率随过冷度增大而增加，当超过极大值后下降一段然后终止；此外，非均匀形核的形核率还与固体杂质的结构和表面形貌有关

习题 3-18 提示：金属结晶的基本规律可从两方面说明：一是过冷现象；二是结晶基本过程是形核与长大。

习题 3-19 单晶体形成的基本原理是使液体金属结晶时只产生一个晶核或只存在一个现成晶核，并使固-液界面前沿液相的过冷度大于动态过冷度，但小于形核所需要的临界过冷度。这样液相中不会再形核，只能在已产生或已存在的一个晶核上长大。

习题 3-20 略。

第4章 固体中的相结构

4.1 基本要求

① 掌握金属材料中相结构的基本类型和各种相的形成规律、结构特点、性能特点以及它们在合金中的作用。

② 熟悉陶瓷材料中的基本相及其结构特点，了解各种相对材料性能的影响。

③ 熟悉有关高分子材料的基本概念和高聚物的结构，了解高聚物结构对其性能的影响。

4.2 内容提要

4.2.1 固溶体

4.2.1.1 固溶体的分类

① 按照溶质原子在溶剂点阵中所占据的位置可分为：置换固溶体和间隙固溶体。

② 按照溶解度的大小可分为：无限固溶体和有限固溶体。

③ 按照各组元原子在点阵中的排列是否有序可分为：无序固溶体和有序固溶体。

4.2.1.2 影响固溶体溶解度的因素

置换固溶体可以是有限固溶体，亦可以是无限固溶体。影响置换固溶体溶解度的主要因素有：原子尺寸因素、晶体结构因素、负电性因素和电子浓度因素。

间隙固溶体是有限固溶体。其溶解度主要取决于溶剂的晶体结构和溶质的原子尺寸。

4.2.1.3 固溶体的结构特点

① 保持溶剂组元的点阵类型，但会产生点阵畸变。

② 从微观上看，无序固溶体中可能存在偏聚和短程有序。

③ 在一定的条件下，无序固溶体会转变为有序固溶体。

4.2.1.4 固溶体的力学性能特点

产生固溶强化，固溶体的硬度、强度高于溶剂，但总体看硬度、强度依然较低。若溶质含量适当，仍可保持较好的塑性、韧性。

无序固溶体转变为有序固溶体后，硬度增加，脆性增大，而塑性、韧性变差。

4.2.2 金属间化合物

4.2.2.1 金属化合物的类型

按照金属化合物的形成规律和结构特点分，金属化合物主要有以下三种类型。

① 正常价化合物：两种负电性差较大的元素按照化合价规则形成的化合物。

② 电子化合物：不遵守化合价规则，而是按照一定电子浓度值形成的化合物，其晶体

结构与电子浓度有一定的对应关系。电子化合物是有色金属中的重要组成相。

③ 间隙化合物：主要受组元的原子尺寸控制而形成的化合物。通常由过渡族金属形成一种新的点阵类型，而原子半径很小的非金属元素处于点阵的间隙中。根据非金属原子和过渡族金属原子半径的比值及结构特点，间隙化合物又分为：简单间隙化合物（亦称间隙相）和复杂间隙化合物。间隙化合物是合金钢、硬质合金和高温合金中的重要组成相。

4.2.2.2 结构特点

金属化合物的晶体结构不同于组成它的任一组元，而是形成一种新的晶体结构。

4.2.2.3 力学性能特点

较高的熔点，高硬度，塑性、韧性很差。

4.2.3 陶瓷晶体相

晶体相是组成陶瓷的基本相，它往往决定着陶瓷的力学、物理和化学性能。晶体相最重要的两类结构是：氧化物结构和硅酸盐结构，其结合键主要是离子键或含有一定程度的共价键。

4.2.3.1 氧化物结构特点

氧化物中的氧离子往往构成一种密排结构，金属离子填充在该结构的间隙中。例如刚玉（α-Al_2O_3）结构中，氧离子构成密排六方结构，而铝离子位于该结构的八面体间隙中。

4.2.3.2 硅酸盐结构特点

硅酸盐的基本结构单元是硅氧四面体［SiO_4］，硅原子位于氧原子四面体的间隙中。硅氧四面体之间只能以共顶方式相连，每个氧原子最多只能被两个硅氧四面体所共有。

按照硅氧四面体的连接方式，硅酸盐结构可分为：岛状结构、成对四面体结构、环状结构、链状结构、层状结构和骨架状结构。

4.2.4 陶瓷玻璃相

陶瓷中的玻璃相是非晶态结构。无规网络学说认为：玻璃相结构与晶体结构相似，都是由离子多面体组成的空间网络；只是在玻璃相结构中，离子多面体在三维空间的排列不像晶体那样有序，而是无规则的。

陶瓷中玻璃相的主要作用是黏结分散的晶体相、降低烧结温度、填充空隙、抑制晶体长大等；但对陶瓷的机械强度、介电性能、耐热性等是不利的。

决定液态物质冷却时能否形成玻璃相的内部条件是黏度，外部条件是冷却速度。

4.2.5 高聚物的结构

高聚物的结构包括大分子的链结构和聚集态结构。

4.2.5.1 大分子的链结构

大分子的链结构是指大分子链自身的结构。包括：大分子链结构单元的化学组成、结构单元的键接方式、大分子链的空间构型、大分子链的形态。

大分子链的形态主要有三种：线型、支化型和体型（网状结构）。

大分子链的柔顺性是造成高聚物具有高弹性和塑性的主要原因。

大分子链的分子量具有多分散性，决定了高聚物的物理、力学等性能的大分散度。

4.2.5.2 大分子的聚集态结构

聚集态结构是指高聚物中大分子与大分子之间的几何排列。大分子链中，原子之间、链节之间是共价键结合，大分子之间是分子键和氢键。

聚集态结构分为两种：无定形高聚物结构和晶态高聚物结构。晶态高聚物结构包括晶区和非晶区。晶区所占的质量分数称为结晶度。结晶度越大，强度、硬度越大，耐热性越好，而弹性、塑性越差。

4.3　疑难解析

4.3.1　固溶体的强度、硬度高吗？

溶质原子溶入溶剂中，产生固溶强化，提高了强度，所以固溶体的强度、硬度要比溶剂的高。但是，固溶体的强度、硬度仍然不够高，往往满足不了工程上的要求。若要进一步提高材料的强度、硬度，可通过一定的方法在固溶体基体上形成颗粒状或层片状的化合物。

4.3.2　金属化合物的强度高吗？化合物一定能提高材料的强度吗？

金属化合物的硬度高，但是强度不一定高。例如 Fe_3C，硬度高，但抗拉强度很低。材料的强度是一种对组织形态很敏感的性能，化合物能否提高材料的强度与其形态和分布有关。例如硬而脆的化合物呈颗粒状或层片状分布在基体上时，会提高材料的强度；而呈网状或粗大的针片状分布在基体上时，则会降低材料的强度。

4.3.3　固溶体和金属化合物在合金中的作用

相是构成合金显微组织的基本单元。工程上用的合金可以是单相固溶体，但更多的情况下，是固溶体和金属化合物的混合物。固溶体作合金基体，可以保证合金的塑性、韧性。金属化合物一般为强化相，提高合金的强度、硬度和耐磨性等。合金的性能由其组成相的类型、相对含量、形态和分布所决定。

4.3.4　硅酸盐结构中只有硅氧四面体吗？

硅酸盐的基本结构单元是硅氧四面体，硅酸盐结构按照硅氧四面体的连接方式分为：岛状结构、链状结构、层状结构、骨架状结构等。所谓岛状、链状、层状、骨架状仅仅指的是硅氧四面体连接成的结构单元的形状，并不代表硅酸盐结构中只有硅氧四面体。实际上这些岛状、链状、层状或骨架状的硅氧四面体结构单元是由除硅以外的其他正离子连接起来的，例如 K^+、Na^+、Ca^{2+}、Fe^{2+}、Fe^{3+}、Mg^{2+}、Al^{3+} 等。对于有些自然界的矿物，岛状、链状或层状硅氧四面体结构单元的边缘结合键上结合的是 H 离子，或者说，是 OH 基团；在这种情况下，由于 OH 基团和其他硅氧四面体结构单元中的 OH 之间的结合力很小，这些硅酸盐就很容易分层，或者容易风化成粉末。

4.3.5　大分子链柔顺性的本质

大分子链具有柔顺性的根本原因在于大分子中含有成千上万个可以旋转的单键。单键内旋引起原子在空间位置改变，造成大分子形态瞬息万变，构成大分子链的各种构象，由构象变化而获得不同卷曲程度的特性。

从热力学分析，在无外力作用下，大分子链总是自发地向熵增大的方向发展，即随着分子的热运动，大分子链会自发地趋于卷曲的分子构象。例如线性非晶态高聚物，其大分子链通常呈无规线团状。这就是大分子链柔顺性的本质。

4.4　学习方法指导

在理解的基础上，将教学内容进行归纳总结，使之条理化。记忆是有选择性的，理解的、有条理的东西容易记住。

对容易混淆的概念进行比较，例如简单间隙化合物和复杂间隙化合物、间隙相和间隙固溶体、硅酸盐和硅氧四面体、单体和链节等。

4.5 例题

例题 4-1 Ni 和 Cu 可以形成无限固溶体，而 Zn 在 Cu 中只能形成有限固溶体，这是为什么？已知 Cu 的原子半径为 0.128nm，Ni 的原子半径为 0.125nm，Zn 的原子半径为 0.137nm。

解： Ni 和 Zn 在 Cu 中都是形成置换固溶体。影响置换固溶体溶解度的主要因素有：原子尺寸、晶体结构、负电性和电子浓度。

Ni 和 Cu 可以形成无限固溶体的原因：①Ni 和 Cu 都是面心立方结构，晶体结构相同。②以一价 Cu 为溶剂的固溶体有一极限电子浓度，其值为 1.36 左右；Ni 是过渡族金属，d 层电子未被填满，形成合金时既可失去电子，又可获得电子，原子价难以确定，故原子价视为零；无论 Ni 溶解多少，固溶体的电子浓度始终不会超过极限电子浓度值。③Ni 与 Cu 的原子尺寸差别、负电性差都不大。

Zn 与 Cu 的原子尺寸差别、负电性差也不大，但 Zn 在 Cu 中只能形成有限固溶体，其主要原因是：①Zn 为密排六方结构，与 Cu 的晶体结构不同。②Zn 的原子价为两价，当 Zn 溶解在 Cu 中的量增加到一定程度时，固溶体的电子浓度就会达到极限电子浓度值，不能再继续溶解。若继续增加 Zn 的量超过极限电子浓度时，只能形成新相。所以 Zn 在 Cu 中只能形成有限固溶体。

例题 4-2 含 Mn 和 C 质量分数分别为 12.3% 和 1.34% 的奥氏体钢，点阵常数 $a=0.3642$nm，密度为 7.83g/cm^3，试判断此固溶体的类型。已知 Fe、Mn 和 C 的相对原子质量分别为 55.85、54.94 和 12.01。

解： 判断固溶体的类型，可以将固溶体晶胞内的实际原子数和纯溶剂晶胞内的原子数相比较。若固溶体晶胞内的实际原子数和纯溶剂晶胞内的原子数相等，则属于置换固溶体。若晶胞内的实际原子数多于纯溶剂晶胞内的原子数，则属于间隙固溶体。

该固溶体中，γ-Fe 为溶剂，Mn 和 C 为溶质。γ-Fe 为面心立方结构，每个晶胞内含 4 个原子。现在计算固溶体每个晶胞内的实际原子数：

首先把质量分数换算成摩尔分数 x

$$x_{\mathrm{C}}=\frac{\dfrac{1.34}{12.01}}{\dfrac{12.3}{54.94}+\dfrac{1.34}{12.01}+\dfrac{86.36}{55.85}}=0.0593 \qquad x_{\mathrm{Mn}}=0.119 \qquad x_{\mathrm{Fe}}=0.8217$$

计算固溶体中每个原子的平均质量 $\overline{m}$

$$\overline{m}=\frac{0.8217\times 55.85+0.119\times 54.94+0.0593\times 12.01}{6.023\times 10^{23}}=8.8229\times 10^{-23}\ \mathrm{(g)}$$

每个晶胞内的实际原子数 n

$$n=\frac{a^3\times\rho}{\overline{m}}=\frac{(0.3642\times 10^{-7})^3\times 7.83}{8.8229\times 10^{-23}}=4.2872$$

计算结果显示：固溶体晶胞内的实际原子数多于纯溶剂晶胞内的原子数，表明 1 种溶质原子或全部溶质原子可能是间隙原子。先假设 Mn 是间隙原子，那么 Mn 的摩尔分数应是

(4.2872－4)/4.2872＝0.067，这与 Mn 的实际摩尔分数 0.119 不符，所以 Mn 不是间隙原子。再分析 C，C 的实际摩尔分数是 0.0593，这和 0.067 接近，所以 C 是间隙原子。

结论：Mn 是置换原子，C 是间隙原子。

例题 4-3　C 溶解在 γ-Fe 中形成间隙固溶体。已知 C 原子位于 γ-Fe 的八面体间隙中，若 γ-Fe 的八面体间隙全部被 C 原子占据，试问 C 原子溶解在 γ-Fe 中的质量分数是多少？实际上 C 在 γ-Fe 中的最大溶解度为 2.11%，试分析二者在数值上差别的原因。已知 C 的相对原子质量 $A_r(C)=12.01$，Fe 的相对原子质量 $A_r(Fe)=55.85$。

解： γ-Fe 是面心立方结构。面心立方结构的八面体间隙数与原子数相等。若 γ-Fe 的八面体间隙全部被 C 原子占据，那么 C 原子数就等于 Fe 原子数，所以在此情况下，C 原子溶解在 γ-Fe 中的质量分数为：

$$w_C=\frac{A_r(C)}{A_r(C)+A_r(Fe)}=\frac{12.01}{12.01+55.85}=17.70\%$$

实际上 C 在 γ-Fe 中的最大溶解度为 2.11%，比理论计算值要小得多。这是因为 C 原子尺寸大于八面体间隙尺寸，C 的溶入会引起 γ-Fe 点阵畸变，使体系能量增加，当体系能量增加到一定程度后，固溶体就会变得不稳定，于是 C 原子就不能再继续溶解了。

例题 4-4　判断 Mg_2Sn、$CuZn_3$、$Cu_{31}Sn_8$、WC、Fe_3C 各属于何类化合物？试求其中电子化合物的电子浓度，并指出其晶体结构类型。已知 C 的原子半径为 0.077nm，Fe 的原子半径为 0.127nm，W 的原子半径为 0.141nm。

解： Mg_2Sn 符合原子价规则，属于正常价化合物。Fe_3C 和 WC 都是由过渡族金属和原子半径很小的非金属元素 C 组成，属于间隙化合物。$r_C/r_W<0.59$，形成的 WC 具有比较简单的结构称为简单间隙化合物，又称间隙相。$r_C/r_{Fe}>0.59$，形成的 Fe_3C 具有复杂的晶体结构，称为复杂间隙化合物。

$CuZn_3$ 和 $Cu_{31}Sn_8$ 不符合原子价规则，是由ⅠB 族金属元素 Cu 与ⅡB 族金属元素 Zn 或ⅣA 族金属元素 Sn 形成的化合物，属于电子化合物。

用 e 表示两组元的价电子总数，a 表示两组元的原子总数，V 表示元素的原子价。

$CuZn_3$ 的电子浓度：$C_e=\frac{e}{a}=\frac{V_{Cu}+V_{Zn}\times 3}{1+3}=\frac{1+2\times 3}{4}=\frac{7}{4}$，当电子浓度为 7/4 时，电子化合物的晶体结构为密排六方结构。

$Cu_{31}Sn_8$ 的电子浓度：$C_e=\frac{e}{a}=\frac{V_{Cu}\times 31+V_{Sn}\times 8}{31+8}=\frac{1\times 31+4\times 8}{39}=\frac{21}{13}$，当电子浓度为 21/13 时，电子化合物的晶体结构为复杂立方结构。

例题 4-5　比较固溶体和金属化合物在成分、结构和性能方面的差异。

解： 固溶体和金属化合物的比较见表 4-1。

表 4-1　固溶体和金属化合物的比较

类　别	成　　分	结构特点	力学性能特点
固溶体	溶质浓度可在固溶度极限内变化	保持溶剂的点阵类型	强度、硬度比溶剂高，但总体看强度、硬度依然较低；而塑性、韧性较好
金属化合物	成分固定或在一定范围内波动，可用化学分子式表示	其点阵类型不同于组成它的任一组元	熔点较高，硬度高，而塑性、韧性差

例题 4-6　MgO 具有 NaCl 型结构，试求 MgO 的密度和堆积密度。已知 Mg^{2+} 半径为 0.078nm，Mg 的相对原子质量为 24.31；O^{2-} 半径为 0.132nm，O 的相对原子质量

为16.00。

解：MgO具有NaCl型结构，即面心立方点阵。每个晶胞中有4个Mg^{2+}和4个O^{2-}，点阵常数应为：$2Mg^{2+}$半径$+2O^{2-}$半径。用ρ表示密度，K表示堆积密度。

$$\rho=\frac{4\times(24.31+16.00)/(6.023\times10^{23})}{(2\times0.078+2\times0.132)^3\times10^{-21}}=3.613\text{g/cm}^3$$

MgO属于离子晶体，其堆积密度是指晶体内离子所占体积与晶体体积之比。

$$K=\frac{4\times\frac{4}{3}\pi\times0.078^3+4\times\frac{4}{3}\pi\times0.132^3}{(2\times0.078+2\times0.132)^3}=0.627$$

4.6 习题及参考答案

4.6.1 习题

习题4-1 解释下列基本概念和术语

相、固溶体、置换固溶体、间隙固溶体、有限固溶体、无限固溶体、连续固溶体、电子浓度、无序固溶体、有序固溶体、固溶强化、有序强化；

金属化合物、中间相、正常价化合物、电子化合物、间隙化合物、间隙相；

陶瓷、硅酸盐、硅氧四面体、玻璃相、金属玻璃；

分子相、高分子化合物、高聚物、单体、链节、聚合度、加聚反应、均加聚反应、共加聚反应、缩聚反应、大分子链的构象、柔顺性、聚集态结构、无定形高聚物、晶态高聚物、结晶度。

习题4-2 判断下列说法是否正确，并说明理由。

① 固溶体的强度、硬度高，而塑性、韧性低。

② 金属化合物都是符合原子价规则的化合物。

③ 金属化合物的强度、硬度高，而塑性、韧性差。

④ 不论是固溶体还是金属化合物，其点阵类型均不同于组成它的任一组元。

⑤ 只有陶瓷中有玻璃相，玻璃相的主要成分都是SiO_2。

习题4-3 固溶体有哪些类型？影响置换固溶体溶解度的因素是什么？

习题4-4 为什么间隙固溶体只能是有限固溶体，而置换固溶体可以是有限固溶体也可以是无限固溶体？

习题4-5 Al和Ag都具有面心立方结构，Al的原子半径为0.143nm。Ag的原子半径为0.144nm。试问：Al在Ag中能否形成无限固溶体？为什么？

习题4-6 已知Zn和Ge在Cu中的最大溶解度（摩尔分数）分别为38%、12%；①计算两元素在最大溶解度时固溶体的电子浓度；②由计算结果可以看出何种规律？

习题4-7 根据下列数据，判断哪种金属作为溶质可与钛形成溶解度较大的固溶体？为什么？

Ti	hcp	$a=0.295$nm	Be	hcp	$a=0.228$nm
Al	fcc	$a=0.404$nm	Cr	bcc	$a=0.288$nm

习题4-8 1148℃时，C在γ-Fe中具有最大溶解度$w_C=2.11\%$，求100个单位晶胞中有多少个C原子？

习题4-9 固溶体中溶剂和溶质原子的分布是无序、有序还是偏聚，主要取决于什么因素？为什么有些固溶体在低温是有序而在高温会变成无序？

习题 4-10　从以下几方面总结、比较正常化合物、电子化合物和间隙化合物。①组成元素；②结合键；③形成化合物的主要控制因素；④结构特点；⑤力学性能特点；⑥典型例子。

习题 4-11　FeAl 是电子化合物，具有体心立方点阵，试绘出其晶胞和（112）晶面上的原子排布图。

习题 4-12　试从成分和晶体结构的角度，说明间隙固溶体和间隙相的异同。

习题 4-13　简述硅酸盐结构的基本特点和类型。

习题 4-14　KCl 具有 CsCl 型结构（图 4-1），其点阵常数 a=0.3626nm，试计算其密度。已知 K 的相对原子质量为 39.10，Cl 的相对原子质量为 35.45。

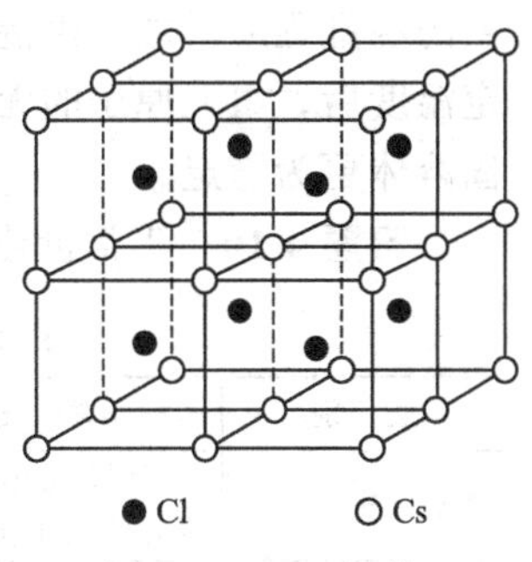

图 4-1　CsCl 结构

习题 4-15　Al_2O_3 的密度为 3.96g/cm^3，求 Al_2O_3 的堆积密度（即离子晶体中离子所占体积与晶体体积之比）。已知 Al 的相对原子质量为 26.98，O 的相对原子质量为 16.00，Al^{3+} 的离子半径为 0.053nm，O^{2-} 的离子半径为 0.132nm。

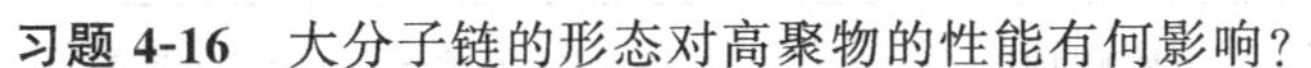

习题 4-16　大分子链的形态对高聚物的性能有何影响？

习题 4-17　每克聚氯乙烯有 10^{20} 个分子，试问：①平均相对分子质量是多少？②聚合度是多少？

4.6.2　参考答案

习题 4-1　略。

习题 4-2　① 错误；固溶体的强度、硬度较低，而塑性、韧性较好。

② 错误；正常价化合物是符合原子价规则的化合物。

③ 错误；金属化合物的硬度高，强度不一定高。

④ 错误；固溶体的点阵类型和溶剂的相同。

⑤ 错误；其他材料中也可能有玻璃相，玻璃相的主要成分不一定是 SiO_2。

习题 4-3　略。

习题 4-4　这是因为当溶质原子溶入溶剂后，会使溶剂产生点阵畸变，引起点阵畸变能增加，体系能量升高。间隙固溶体中，溶质原子位于点阵的间隙中，产生的点阵畸变大，体系能量升高得多；随着溶质溶入量的增加，体系能量升高到一定程度后，溶剂点阵就会变得不稳定，于是溶质原子便不能再继续溶解，所以间隙固溶体只能是有限固溶体。而置换固溶体中，溶质原子位于溶剂点阵的阵点上，产生的点阵畸变较小；溶质和溶剂原子尺寸差别越小，点阵畸变越小，固溶度就越大；如果溶质和溶剂原子尺寸接近，同时晶体结构相同，电子浓度和负电性都有利的情况下，就有可能形成无限固溶体。

习题 4-5　不能。因为 Al 的原子价为 3，Ag 的原子价为 1，当高价 Al 在低价 Ag 中的溶入量达到一定值时，固溶体的电子浓度就会达到极限电子浓度，不能再继续溶解。

习题 4-6　①Cu 和 Zn 形成的固溶体电子浓度为 1.38，Cu 和 Ge 形成的固溶体电子浓度为 1.36。②若溶剂相同，不同溶质在最大溶解度时的电子浓度基本一致，这就是所谓的极限电子浓度。

习题 4-7　Al 可与 Ti 形成溶解度较大的固溶体，因为 Al 与 Ti 的晶体结构相近，均为密排结构，且原子半径差别很小。Be 与 Ti 虽然晶体结构相同，但原子半径差别太大，所以溶解度不大。Cr 与 Ti 晶体结构不同，原子半径差别也比 Al 大，一般溶解度较小。

习题 4-8 100 个晶胞中有 40 个碳原子。

习题 4-9 固溶体中溶剂和溶质原子的分布情况和原子之间的结合能有关。用 E 表示原子对间的结合能。当 $E_{AB}=(E_{AA}+E_{BB})/2$ 时，溶剂和溶质两种原子作任意排列，易形成无序固溶体。当 $E_{AB}<(E_{AA}+E_{BB})/2$ 时，异类原子互相吸引，易于形成短程有序或长程有序的固溶体。当 $E_{AB}>(E_{AA}+E_{BB})/2$ 时，易发生同类原子的偏聚。

固溶体的吉布斯自由能 $G_S=G_0+\Delta H_m-T\Delta S_m$。低温有序固溶体随温度升高，原子排列的混乱程度增加，由混合熵 ΔS_m 所引起的自由能变化为负值即自由能降低；当升高到一定温度后，组元原子的无序分布有可能使固溶体的自由能低于有序排列，在此情况下，无序固溶体更为稳定。

习题 4-10 正常价化合物、电子化合物和间隙化合物的比较见表 4-2。

表 4-2 正常价化合物、电子化合物和间隙化合物的比较

类　别	正常价化合物	电子化合物	间隙化合物
组成元素	金属元素与ⅣA、ⅤA、ⅥA族元素	ⅠB族或过渡族金属元素与ⅡB、ⅢA、ⅣA族金属元素	过渡族金属元素和原子半径很小的非金属元素
结合键	离子键、共价键或含有一定程度的金属键	金属键为主	大多是金属键与共价键的混合
主要控制因素	原子价，遵守原子价规则	电子浓度，按照一定的电子浓度值形成的化合物	组元的原子尺寸
结构特点	形成不同于其组元的新点阵	形成不同于其组元的新点阵，且晶体结构与电子浓度之间有一定的对应关系	金属原子形成与其本身点阵不同的新点阵，而非金属原子位于该点阵的间隙中 其中间隙相结构简单，复杂间隙化合物结构复杂
力学性能特点	一般具有较高的硬度，脆性较大	硬度较高，脆性较大	间隙相硬度极高，脆性大；复杂间隙化合物硬度高，脆性大
典型例子	Mg_2Si 是铝合金中常见的强化相，MnS 是钢铁材料中常见的夹杂物	CuZn、Cu_3Sn 都是有色合金中的重要组成相	间隙相 TiC、VC、WC 是合金工具钢和硬质合金的重要组成相；间隙化合物 Fe_3C、$Cr_{23}C_6$ 是钢中常见的强化相

习题 4-11 见图 4-2。

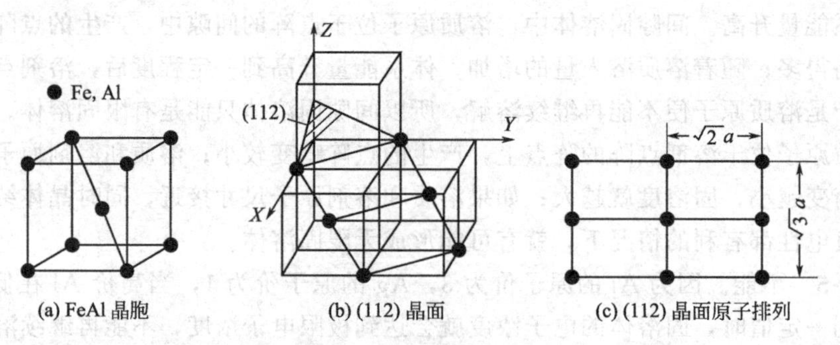

图 4-2 FeAl 的原子排列

习题 4-12 相同点：间隙相和间隙固溶体的组成元素之一都是原子半径很小的非金属元素，而且这些非金属元素都是位于另一组成元素晶体点阵的间隙中。

不同点：间隙固溶体是溶质原子分布于溶剂点阵的间隙而形成的固溶体，保持溶剂的点阵类型，其成分可在固溶度极限内变化，不能用分子式表示。间隙相是化合物（亦称中间相)，其点阵类型与组成它的任一组元的点阵都不相同，而是形成一种新点阵。间隙相的成分固定或在一定范围内波动，可用化学分子式表示。

习题 4-13　硅酸盐结构的基本特点：①硅酸盐的基本结构单元是硅氧四面体，硅氧之间的结合键不是纯离子键，还含有一定的共价键成分；②每个氧最多只能被两个硅氧四面体所共有；③硅氧四面体可以是互相孤立地在结构中存在，也可以通过共顶点互相连接成多重的四面体配位群；④硅离子间不能直接连接，它们之间的连接通过氧离子来实现 Si—O—Si。

硅酸盐结构的分类：按照硅氧四面体在空间的组合情况，可将硅酸盐分为岛状硅酸盐、链状硅酸盐、层状硅酸盐和骨架状硅酸盐。

习题 4-14　2.596g/cm^3。

习题 4-15　0.705。

习题 4-16　大分子的形态主要有线型、支化型和体型（网状）等。具有线型大分子的高聚物中，大分子链间没有化学键，能相对移动，可在一定的溶剂中溶解，加热时能熔融，易于加工，可反复使用，并具有良好的弹性和塑性。具有支化型大分子的高聚物和线型高聚物的特点相似，但和线型高聚物比较，分子间作用力较弱，故熔液黏度较小，强度、耐热性较低。体型结构高聚物是大分子链之间通过支链或化学键连接成一体，空间呈网状。体型高聚物不能在溶剂中溶解，加热不能熔融，不能反复使用，具有较高的耐热性、尺寸稳定性和机械强度，而弹性、塑性低，脆性大。

习题 4-17　①6024；②96。

第5章　相　图

5.1　基本要求

① 熟悉相图基本知识。

② 熟悉各种二元相图及其使用方法，能利用相图分析平衡凝固过程和组织以及不平衡条件下可能的组织变化，初步了解成分-组织-性能之间的关系。

③ 掌握 Fe-Fe_3C 相图及其应用。

④ 熟悉三元相图的表示方法，在对三元相图立体图形有一个基本了解的前提下，重点掌握平面图形，学会分析和使用三元相图的等温截面、变温截面和投影图。

5.2　内容提要

5.2.1　相图基本知识

5.2.1.1　相律

相律通式：$F=C-P+2$；当系统压力恒定时，相律通式为：$F=C-P+1$。

5.2.1.2　相区接触法则

常压下相区接触法则公式：$n=C-\Delta P$。式中，C 为组元数；ΔP 为相邻相区相数的差值；n 为相邻相区接触的维数。在二元相图中，当 $n=1$，即相邻相区线接触时，相邻相区相数的差值 ΔP 为1；当 $n=0$，即相邻相区点接触时，相邻相区相数的差值 ΔP 为2。

5.2.1.3　直线法则、杠杆定律、重心法则的内容及其用途

需要强调的是：重心法则适用于三元系三相共存的场合，可用于计算三个相或三种组织组成物的相对量。

5.2.2　二元相图

5.2.2.1　二元匀晶相图

① 相图分析、平衡凝固过程、固溶体凝固与纯金属凝固的差别。

② 固溶体的不平衡凝固，包括：a. 枝晶偏析的形成，枝晶偏析对性能的影响，消除枝晶偏析的方法；b. 宏观偏析程度与液相中溶质混合情况之间的关系。

③ 成分过冷，包括：成分过冷的形成，产生成分过冷的条件，影响成分过冷的因素，成分过冷对固溶体生长形态的影响。

5.2.2.2　二元共晶相图

① 相图分析、典型合金的平衡凝固过程和组织、相图的两种填写法。

② 不平衡凝固和不平衡组织，包括：a. 伪共晶的形成条件，伪共晶与共晶组织在成分、

组织和性能方面的差别；b. 离异共晶的形成条件、形态特征及对性能的影响；c. 不平衡共晶的形成条件，不平衡共晶与离异共晶的区别；d. 非平衡条件下形成的离异共晶和不平衡共晶可用扩散退火的方法消除。

5.2.2.3　**二元包晶相图**

相图分析、典型合金的平衡凝固过程和组织、典型的不平衡组织。

5.2.2.4　**其他相图**

① 稳定化合物和不稳定化合物在相图中的特征。

② 共析转变、包析转变、偏晶转变、熔晶转变和合晶转变的反应式及图形特征。

5.2.2.5　**相图的应用**

利用相图分析材料的平衡凝固过程，确定材料在给定温度下的状态。根据相图与性能的关系，可预测材料的某些力学性能、物理性能、铸造性能和冷热变形性能。相图可作为选材和制定热加工工艺的依据。

5.2.3　铁碳相图

5.2.3.1　**相图中各种固相的本质、含碳量、晶体结构和性能特点**

相图中的固相有：铁素体、高温铁素体（δ）、奥氏体和渗碳体。铁素体的本质是碳在α-Fe中形成的间隙固溶体，含碳量≤0.0218%，晶体结构为体心立方结构，力学性能特点是：强度、硬度低，塑性、韧性较好。高温铁素体（δ）是碳在δ-Fe中的间隙固溶体，含碳量≤0.09%，体心立方结构，性能特点与铁素体相似。奥氏体是碳在γ-Fe中的间隙固溶体，含碳量≤2.11%，面心立方结构，强度、硬度较低，塑性、韧性好。渗碳体是Fe和C形成的一种间隙化合物 Fe_3C，含碳量为6.69%，结构复杂（属于正交晶系），硬度高，脆性大，塑性很差。

5.2.3.2　**相图分析**

① 各点、线、区表示的意义以及各重要点的含碳量。

② 七种典型合金的平衡凝固过程及室温组织的形态特征；相图的两种填写法。

③ 杠杆定律的应用，包括：计算组成相和组织组成物的相对量，根据组成相或组织组成物的相对量估算钢的含碳量和某些性能。

5.2.3.3　**含碳量-平衡组织-性能之间的关系**

① 含碳量对平衡组织的影响。

② 含碳量对铁碳合金力学性能的影响，包括：α、Fe_3C、P、L'_d的力学性能特点，Fe_3C形态对力学性能的影响，含碳量对力学性能的影响。

③ 含碳量对铁碳合金铸造性能、冷热变形性能的影响。

5.2.4　三元相图

5.2.4.1　**成分表示法**

① 确定成分三角形内某点的成分或根据已知的成分在成分三角形内标出成分点。

② 两条特殊直线表示的意义。

5.2.4.2　**三元共晶相图**

① 熟悉三元共晶相图立体图形，以便更好地理解和掌握各种平面图形。

② 三相平衡共晶转变相区的空间结构及相区在等温截面和变温截面上的几何特征。

③ 四相平衡共晶转变的空间结构以及此类转变在变温截面和投影图上的特征。

④ 三元共晶相图投影图所表示的意义及用途。

5.2.4.3　**三元相图中的重要规律**

（1）两相区的重要规律　①固溶体在平衡凝固过程中，液相成分沿液相面变化，固溶体成分沿固相面变化，两相成分的变化遵守蝴蝶形规律；②在等温截面上，两相区一般呈四边形，其中两条对边为直线，另两条对边为曲线（称为共轭曲线），两平衡相的成分分别在两条共轭曲线上，并与系统成分点在一条直线上。

（2）三相区的重要规律　①三相平衡转变主要有共晶型转变（包括共晶、共析转变）和包晶型转变（包括包晶、包析转变），与二元系不同的是，三元系中的三相平衡转变不是在恒温下而是在变温过程中完成的；②三相区的空间结构是三棱柱，三棱柱的三个侧面都是由一系列平行的共轭线组成的，三棱柱的三个棱边是三个平衡相成分随温度的变化线，称为单变量线；③在等温截面上，三相区呈直边三角形，又称共轭三角形，其三个顶点分别为三个平衡相的成分点；④若变温截面同时截过三相区的三个棱边，三相区则呈曲边三角形；若曲边三角形的一个顶点向下，一条边在上，三相区内发生的是三相平衡包晶型转变；若曲边三角形的一个顶点向上，一条边在下，则三相区发生的是三相平衡共晶型转变。

（3）四相区的重要规律　①四相平衡转变类型有四相平衡共晶型转变、四相平衡包晶型转变和四相平衡包共晶型转变；②四相平衡共存时，自由度为零，四相平衡温度和四个平衡相的成分都是恒定的，故四相平衡区为一水平面（等温面），其形状为直边三角形或直边四边形；四相区若呈三角形，其三个顶点分别为三个平衡相的成分点，其“重心”为另一个平衡相的成分点；若呈四边形，其顶点分别为四个平衡相的成分点；③四相区在变温截面上是一水平线；若变温截面同时截过四个三相区，则可根据四个三相区在水平线上下的分布来判断四相平衡转变的类型；四个三相区在水平线上下的分布为三上一下时属于共晶型转变，二上二下为包共晶型转变，一上三下为包晶型转变，如图 5-1 所示。

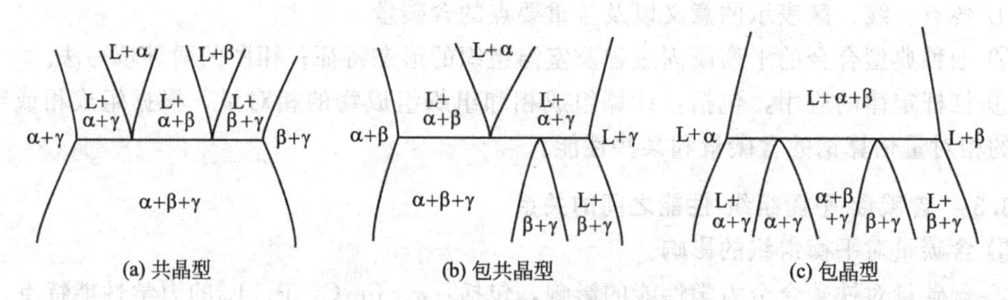

图 5-1　四相平衡转变在变温截面上的特征

5.2.4.4　**三元相图平面图形的用途**

（1）等温截面的用途　①判断给定温度下系统的相组成、平衡相成分，计算相或组织组成物的相对量；②根据一系列等温截面中三相区相对位置的变化判断该三相平衡转变的类型；③在适当温度的等温截面中，可以显示四相区和四相平衡转变的类型。

（2）变温截面的用途　①分析凝固过程和组织；②确定临界温度；③作为制定热加工工艺的依据。

（3）投影图的用途　不同投影图表达内容不同，用途也不一样；例如液相面投影图，可用于确定初生相和开始凝固的大致温度，判断四相平衡转变的类型。

5.2.5　相图的热力学基础

5.2.5.1　固溶体吉布斯自由能与成分的关系

二元系中，固溶体吉布斯自由能与成分的关系曲线为平面曲线，呈简单“U”形或波浪形；两相混合物的吉布斯自由能在连接两组成相吉布斯自由能的直线上。根据自由能最低原理，利用这些曲线可以确定系统平衡态时的相组成以及各相的成分等。

5.2.5.2　相平衡条件

相平衡条件：多组元系统中多相平衡的条件是任一组元在各相中的化学位相等。

公切线法则：恒温下，二元系中两相平衡时，两相的吉布斯自由能曲线在平衡成分处的斜率应相等，即有公切线。所以对两相的自由能曲线作公切线，就可求得两相平衡的成分范围和平衡相的成分点。二元系三相平衡时，三个相的自由能曲线也必然有一公切线。

5.3　疑难解析

5.3.1　材料成分是相律中的一个自由度吗?

材料成分不是相律中的一个自由度。自由度是指在不改变系统中平衡相数目的前提下，可以独立改变的因素的数目。这些因素包括：温度、压力和各个平衡相的浓度。

5.3.2　杠杆定律的本质和应用

杠杆定律的本质是：在质量守恒的系统中，系统的成分是系统中各组成物组元含量的加权平均值，其权重就是各组成物的相对量。

应用杠杆定律的关键是正确判断杠杆的两个端点和支点。杠杆的两个端点分别是组成该系统的两种组成物的成分点，而杠杆的支点则是这两种组成物成分的加权平均值。

杠杆定律多数情况下应用于平衡条件，因为在平衡条件下，能够很容易地确定系统中各组成物的成分。杠杆定律也可以应用于非平衡条件，在这种情况下，必须知道系统的平均成分和两种组成物各自的平均成分。

杠杆定律不仅用于计算两个相的相对量，而且可以计算两种组织组成物的相对量，此时，杠杆的两个端点是两种组织组成物各自的平均成分点。

使用一次杠杆定律，只能计算两个相或两种组织组成物的相对量。如果多次使用杠杆定律，便可以计算含三种或三种以上组成物的组织中各种组成物的相对量。

5.3.3　相图中的极大点和极小点

有的二元匀晶相图上具有极大点和极小点，如图 5-2 所示。对此，可做如下解释：一般

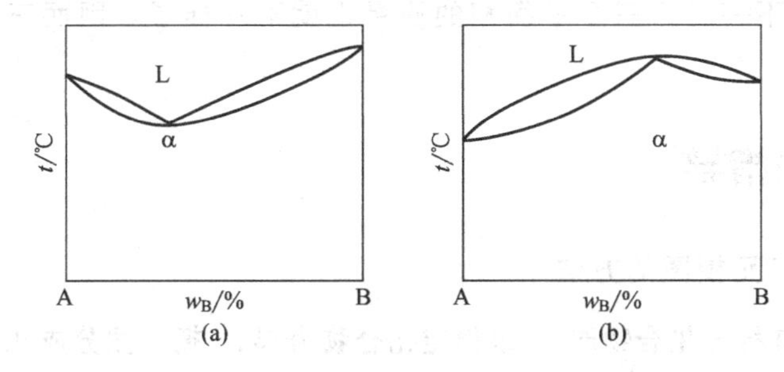

图 5-2　具有极大点或极小点的二元相图

情况下，二元系两相平衡共存时，自由度为1；但是对应于极大点和极小点的合金，由于液、固两相的成分相同，此时用来确定系统状态的变量数应去掉一个，于是自由度为0，即在恒温下转变。

5.3.4 组织、组成相和组织组成物的区别

组织是对合金中相的类型、数量、形状、大小和分布等特征的描述。组织中具有独特形态的各个组成部分称为组织组成物；组织中所包含的相称为组成相。例如亚共晶白口铸铁，室温组织是$P+Fe_3C_{II}+L_d'$，组织中有三种形态各异的组织组成物：P、Fe_3C_{II}、L_d'，组成相有两种：α和Fe_3C。一种组织组成物可以由一个相组成，也可以由多个相混合组成，例如珠光体，是一种组织组成物，它由α和Fe_3C两个相组成。而一个相在不同条件下可以形成不同的组织组成物，例如Fe_3C，在不同的条件下形成三种不同形态的组织组成物：Fe_3C_I、Fe_3C_{II}和Fe_3C_{III}。

判断合金有哪几种组成相时，只要看组织中有哪几个相就可以了。不论相的来源和形态怎样，只要成分、结构相同，均属于同一种组成相。

判断合金有哪几种组织组成物时，可用多种方法：①根据合金的凝固过程，凝固的每一阶段（即每种转变）生成的产物都具有一定的形态特征，就是一种组织组成物；②根据形态特征，组织中形态特征相同的部分归为一种组织组成物，形态特征不同的部分就是不同的组织组成物。共晶、共析、包共晶、包共析的转变产物都可视为一种组织组成物，这是因为这些转变产物共晶体、共析体、包共晶体、包共析体都是固态的多相混合物，虽然在随后冷却的过程中这些混合物内还可能发生转变，生成新的产物，但是这些转变产物的形态基本不再改变。

5.3.5 只有在非平衡条件下才能得到离异共晶吗？

离异共晶的形成条件是：合金中初晶的相对量远远多于共晶体的相对量时，共晶体有可能形成离异共晶。因此离异共晶可以在非平衡条件下形成，也可以在平衡条件下形成。成分小于固溶体最大溶解度点的合金在非平衡条件下可以获得离异共晶；某些成分靠近固溶体最大溶解度点的亚共晶合金或过共晶合金在平衡条件下也可能获得离异共晶。

5.3.6 重心法则中的"重心"的含义

在几何中，实际上是把三角形看作厚度均匀、密度均匀的板状物，三角形三条中线的交点就是三角形的重心，即几何重心。而重心法则中的三角形是完全不同的概念，它是连接三个平衡相成分点所形成的共轭三角形，实际上被看做是一个无质量的三角形框架，把三个相的质量分别挂在三个顶点上，合金成分点就是这三个相的质量重心，这就是重心法则中的"重心"。合金成分点在共轭三角形内的位置改变时，就意味着三个相的质量重心改变。合金成分不一样，三个平衡相的质量也就不一样了，因而三个相的质量重心就会改变。

5.4 学习方法指导

5.4.1 分析复杂二元相图的方法

5.4.1.1 相图中有稳定化合物时，以稳定化合物为界，把相图分成几部分分别进行分析

成分固定的稳定化合物在相图中为一垂线，以垂线为界，把相图分开。成分可变的稳定

化合物在相图中为一相区（如图 5-3 中的 γ 相区），此时可以用虚线（垂线）把相图分开，如图中所示。这样就把相图分成了几个简单的基本相图，分别进行分析即可。

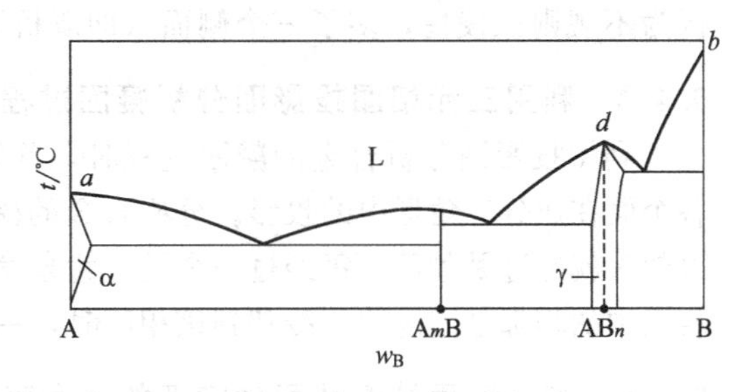

图 5-3　具有稳定化合物的二元相图

5.4.1.2　正确识别单相区

相图中的单相区有几种情况（图 5-3）：①B组元能溶解在 A 组元中形成固溶体 α，相图中存在 α 单相区，此时 A 组元不是单相区；②A组元不能溶解在 B 组元中，此时 B 组元是一个单相区，垂线 bB 就是 B 组元的单相区；③两组元形成的化合物 A_mB，成分固定，在相图中表现为一条垂线，该垂线就是化合物 A_mB 的单相区；④成分可变的稳定化合物为一相区，如图中的 γ 相区。

5.4.1.3　如何判断三相共存水平线上发生的转变

要准确判断三相平衡转变的类型，首先要熟悉各种三相平衡转变的图形特征。具体判断时，可分两步：①先根据三个单相区与三相共存水平线的配置位置，分清是合成型转变还是分解型转变；②再根据三个相的类别（液相或固相）判断属于何种转变。

5.4.1.4　如何判断室温时的组织

如果仅仅要求判断室温组织，只需从距室温最近的单相区开始向下分析。因为不管在单相区温度以上，系统发生了多么复杂的变化，室温组织只与在该单相区温度以下的转变有关。例如 45 钢，在高温时依次发生匀晶转变→包晶转变→匀晶转变后，成为单相奥氏体；如果只要求判断室温组织，只需从奥氏体单相区向下分析即可。

5.4.2　熟悉三元相图立体图形的一种方法

学习组元在固态下互不溶解的三元共晶相图时，为了熟悉相图的立体图形，建立起空间概念，可以将立体图形从高温至低温分为四个层次：①三个液相面以下是三个两相区，在两相区内发生匀晶转变，由液相中结晶出一个固相；②三对三相平衡共晶转变起始面以下是三个三相区，三相区内发生三相平衡共晶转变，由液相中结晶出两相共晶体；③三相区（三棱柱）的底面是四相平衡面，在此面发生四相平衡共晶转变，由液相中结晶出三相共晶体，直至液相消失；④四相平衡面以下是三个固相共存区。

5.4.3　比较法的应用

学习组元在固态下有限溶解的三元共晶相图时，可以和组元互不溶解的三元共晶相图进行比较，有哪些相同的地方，有哪些不同的地方，这样更容易理解和记忆。

5.4.3.1　相同点

组元在固态下互不溶解的三元共晶相图中存在的相区的类型以及相区中发生的转变类型在固态下有限溶解的三元共晶相图中都有。

5.4.3.2　不同点

组元在固态下有限溶解的共晶相图有以下特点：①三个固相不再是纯组元 A、B、C，而是三个固溶体 α、β、γ，因此相图中就多了三个固相面、三个单相固溶体区、三个两相固溶体区和三对单析溶解度曲面；②三相区的形状发生了变化，并且每个相区多出了一个三相平衡共晶转变结束面；③四相平衡面仍是三角形，但面积缩小了；④四相平衡面以下的三相区为不规则三棱柱，多了三个侧面（即双析溶解度曲面）。

5.4.4 利用三元相图投影图分析凝固过程的方法

利用投影图分析合金的凝固过程时，首先要弄清投影图中各点、线、区所表示的意义和各个面在成分三角形中的投影。分析合金的凝固过程时，看合金的成分点在哪些面的投影内，冷却时就经过哪些面。每经过一个面，就会发生一种转变，得到一种生成物。如果两相区或三相区中的相都是固溶体，冷却到该相区时，一般会从一种固溶体中析出一种或两种次生相。

5.4.5 如何利用等温截面确定两相平衡时两平衡相的成分

在三元系的等温截面图上，两相区内往往有多条共轭线，如果合金的成分点刚好在一条共轭线上，那么两相的成分点就是共轭线的两个端点。如果在两相区内没有共轭线（如图5-4 中 $\alpha+\gamma$ 两相区），可以用近似的方法确定：将两相区的两条直边延长相交于一点 p，连接交点 p 和合金的成分点 o，该连线与两相区的两条共轭曲线的交点 a、b 就是两平衡相的成分点。如果两相区的两条直边平行，过材料的成分点作两条直边的平行线与两条共轭曲线相交，交点即为两平衡相的成分点。

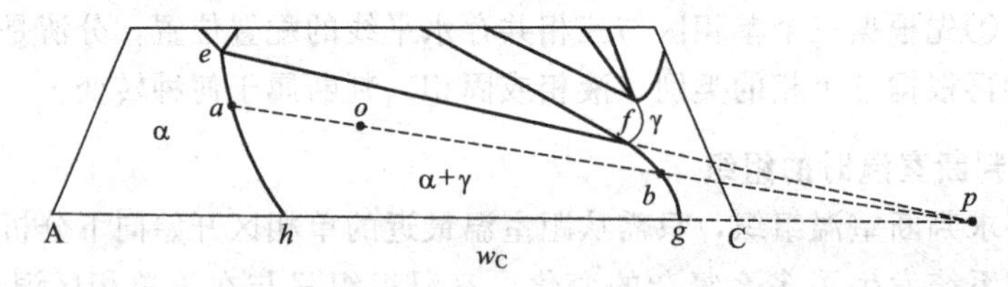

图 5-4 确定三元系两平衡相成分的方法

5.5 例题

例题 5-1 指出图 5-5 中的错误之处，根据相律说明理由，并改正图中的错误。

解：图中有四处错误：①d、e 两点应重合，因为对组元 A，α-A 和 β-A 发生同素异构转变时，自由度 $F=1-2+1=0$，转变在恒温下进行；②水平线 cb 应与三个单相区接触而不是两个单相区，因为二元系恒温转变时，自由度 $F=0$，$P=3$，应三相平衡；③水平线 $fghij$ 应与三个单相区接触而不是四个单相区，因为二元系恒温转变的自由度 $F=0$ 时，$P=3$，最多有三相平衡；④kln 线应为水平线而不是斜线，因为二元系三相平衡转变时，自由度为零，在恒温下进行。图 5-6 为改正后的相图。

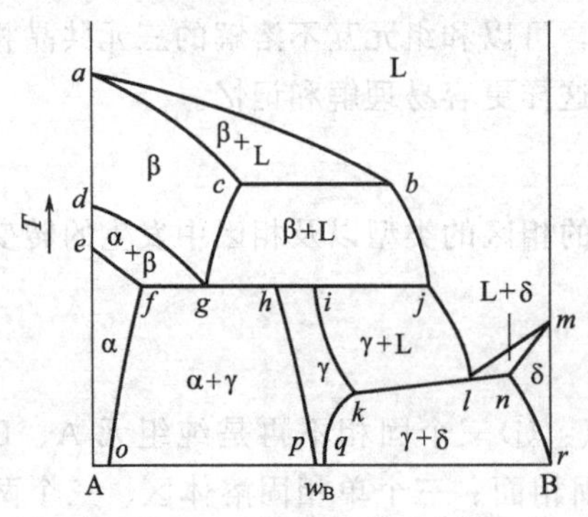

图 5-5 有错误的二元相图

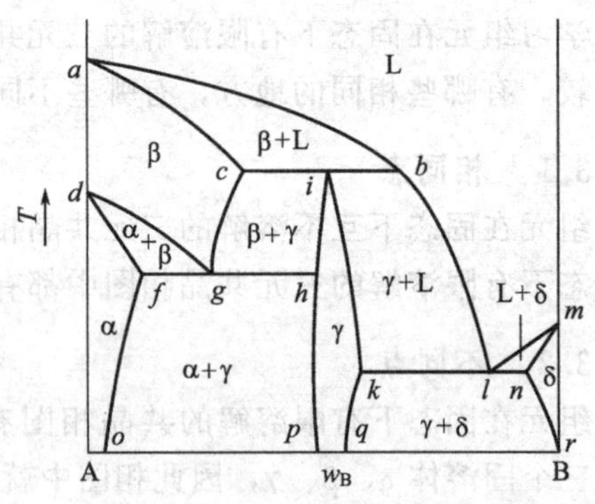

图 5-6 改正后的二元相图

例题 5-2　根据下列数据，绘出概略的A-B二元相图。已知A组元比B组元有较高的熔点，B在A中没有溶解度，该合金系存在下列恒温转变：

① 700℃　　$L(w_B=70\%)+A \longrightarrow \beta(w_B=60\%)$

② 600℃　　$\beta(w_B=55\%)+A \longrightarrow \gamma(w_B=30\%)$

③ 500℃　　$L(w_B=95\%)+\beta(w_B=75\%) \longrightarrow \alpha(w_B=90\%)$

④ 300℃　　$\beta(w_B=65\%) \longrightarrow \alpha(w_B=85\%)+\gamma(w_B=50\%)$

解：首先在温度-时间坐标内画出四种恒温转变的基本图形，如图 5-7（a）所示，然后根据相区分布规律把这些基本图形连接起来，如图 5-7（b）所示。

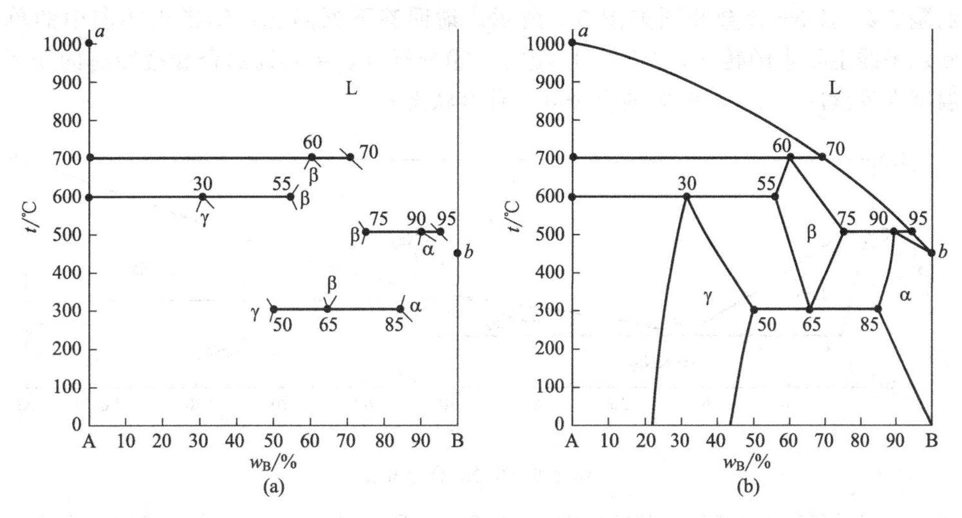

图 5-7　绘制二元相图的步骤

例题 5-3　图 5-8 为 A-B 二元相图。请回答下列问题：①指出相图中的单相区；②分析 $w_B=65\%$的合金的平衡凝固过程；③在较快的冷却条件下凝固，得到的组织和平衡组织有何不同？

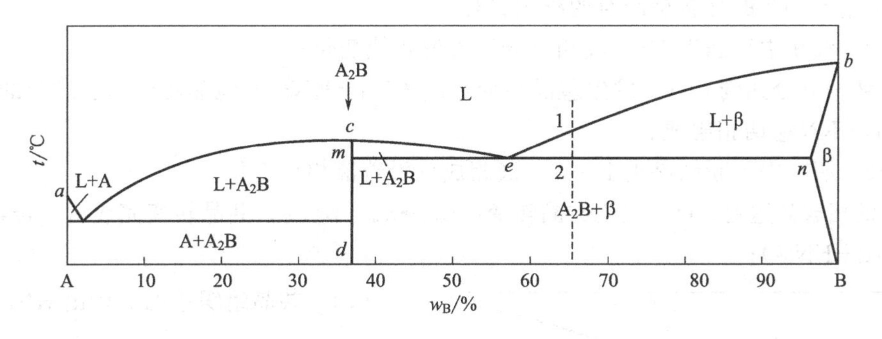

图 5-8　A-B 二元相图

解：① 相图中单相区：A组元单相区（垂线 aA），A_2B 单相区（垂线 cd），β相区和L相区。

② 合金的平衡凝固过程。以稳定化合物 A_2B（垂线 cd）为界，把相图分成 A-A_2B 共晶相图和 A_2B-B 共晶相图。利用 A_2B-B 共晶相图，就可以方便地分析 $w_B=65\%$的合金的平衡凝固过程。在相图中，过合金的成分点作垂线，垂线与相图中各线的交点（1、2点）即为临界点。

1～2　由液相中结晶出β，液相成分沿着液相线变化，β相成分沿着固相线变化；

2 液相成分到达 e 点，发生共晶转变：$L_e \rightarrow A_2B+\beta_n$，共晶转变完成后，合金的组织为：$\beta+(A_2B+\beta)$。

<2 由 β 中析出 A_2B_{II}。最终得到的组织为：$\beta+A_2B_{II}+(A_2B+\beta)$。

说明：共晶体（$A_2B+\beta$）中的 β 也会析出 A_2B_{II}，但由于 A_2B_{II} 和共晶 A_2B 连接成一体，不易分辨，并且没有改变共晶体的形态，所以不必写出。

③ 在较快的冷却条件下凝固，初生相 β 的量将减少，次生相 A_2B_{II} 减少甚至不出现，共晶体的数量增加且组织变细。如果冷却速度进一步增加，有可能得到全部的伪共晶组织（$A_2B+\beta$）。

例题 5-4 K-Na 合金相图如图 5-9 所示。请回答下列问题：①指出相图中的单相区；②判断水平线上发生的转变，并写出反应式；③分析 $w_{Na}=50\%$ 的合金缓冷时的凝固过程；④当温度在零度时，$w_{Na}=50\%$ 的合金处于什么状态？

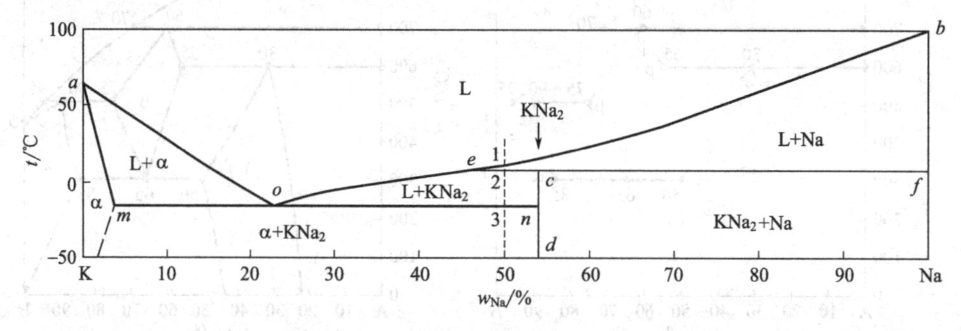

图 5-9 K-Na 合金相图

解： ① 单相区：L 相区，α 相区，KNa_2 单相区（垂线 cd）、组元 Na 的单相区（垂线 bfNa）。

② 水平线上发生的转变。ecf 水平线与 L、KNa_2、Na 三个单相区点接触，根据三个单相区的类型和分布可以判断在该水平线上发生包晶转变：$L_e+Na \rightarrow KNa_2$。用同样的方法可以判断在 mon 水平线上发生共晶转变：$L_o \rightarrow \alpha_m+KNa_2$。

③ $w_{Na}=50\%$ 的合金缓冷时的凝固过程。

1～2 液相中结晶出 Na，液相成分沿着液相线变化；

2 液相成分达到 e 点，发生包晶转变：$L_e+Na \rightarrow KNa_2$，包晶转变后有剩余的 L，此时合金由 $L+KNa_2$ 两相组成；

2～3 液相中不断结晶出 KNa_2，液相成分沿着液相线变化；

3 液相成分达到 o 点，发生共晶转变：$L_o \rightarrow \alpha_m+KNa_2$，共晶转变完成后，合金组织为：$KNa_2+(\alpha+KNa_2)$；

<3 共晶组织中的 α 析出 KNa_{2II}，不必写出；

最终得到的组织：$KNa_2+(\alpha+KNa_2)$。

④ 过温度轴上的 0℃ 作一温度水平线，过成分轴上的 50% 作垂线，两线相交，由交点可知，在零度时 $w_{Na}=50\%$ 的合金状态为 L 和 KNa_2 两相共存。

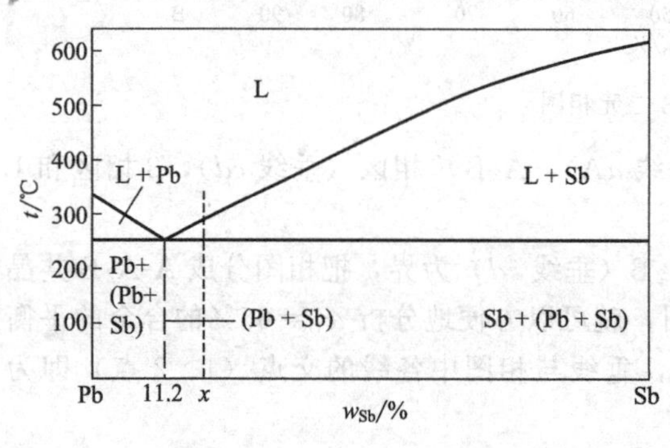

图 5-10 Pb-Sb 合金相图

例题 5-5 Pb-Sb 合金相图为组元在固态互不溶解、具有共晶转变的相图（图 5-10）。

现要用 Pb-Sb 合金制成轴瓦，要求组织是在共晶体基体上分布有 5%的硬质点 Sb，求该合金的成分和硬度。已知 Pb 的硬度为 3HB，Sb 的硬度为 30HB。

解：根据 Pb-Sb 相图可看出，Pb-Sb 合金中的共晶体是（Pb+Sb）。轴瓦要求的组织是在共晶体（Pb+Sb）基体上分布有 5%的硬质点 Sb，该合金应是过共晶合金。

① 计算合金的成分。设该合金的成分为 x，根据杠杆定律，可列出下式：

$$0.95=\frac{1-x}{1-0.112}\qquad x=15.6\%$$

该合金的成分：$w_{Sb}=15.6\%$

② 计算合金的硬度。该合金中的两个相为 Pb 和 Sb，Sb 的相对量为 15.6%，Pb 的相对量为 84.4%。合金的硬度则为：

$$HB_{Pb}\times 84.4\%+HB_{Sb}\times 15.6\%=3HB\times 84.4\%+30HB\times 15.6\%=7.2HB$$

该合金的硬度为 7.2HB。

例题 5-6　A-B 二元合金相图如图 5-11 所示。今将 $w_B=40\%$的合金在固相中无扩散、液相中溶质完全混合、液-固界面平面推进的条件下，在圆筒状水平铸型内进行不平衡凝固。请回答下列问题（忽略成分变化引起的体积变化）：①求合金的 k_0 值；②求凝固始端固相的成分；③利用上述凝固条件下的溶质分布方程，确定共晶体占合金圆棒的体积百分数，示意绘出合金圆棒中溶质（B）的浓度分布曲线和组织分布图；④如果是平衡凝固，用杠杆定律确定共晶体的百分数，对比分析两种计算结果。

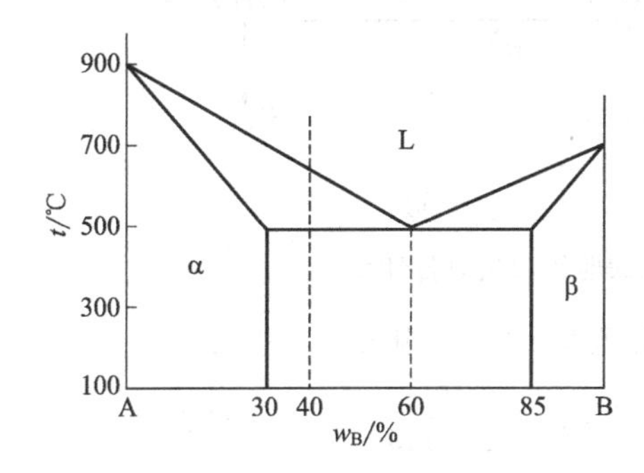

图 5-11　A-B 二元相图

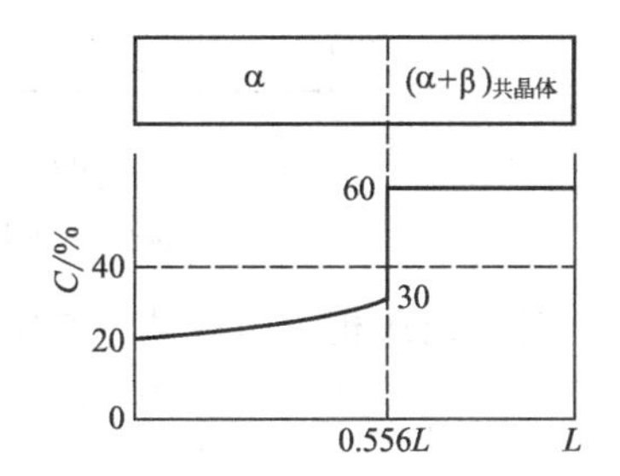

图 5-12　溶质（B）浓度分布曲线和组织分布图

解：① 求合金的 k_0 值。由相图看出，液相线和固相线均为直线，所以合金的 k_0 为定值。利用共晶温度时液相的成分 C_L 和固相的成分 C_S 便可求出 k_0 值。

$$k_0=\frac{C_S}{C_L}=\frac{0.30}{0.60}=0.50$$

② 求凝固始端固相的成分　$C_{S始端}=C_0k_0=0.40\times 0.50=20\%$

③ 求共晶体占合金圆棒的体积百分数。设合金圆棒总长为 L，凝固后固溶体的长度为 Z，固溶体占合金圆棒的体积百分数为 Z/L，共晶体占合金圆棒的体积百分数则为 $1-\frac{Z}{L}$。

$$固溶体中溶质(B)分布方程：C_S=k_0C_0\left(1-\frac{Z}{L}\right)^{k_0-1}\tag{5-1}$$

根据相图可知，合金圆棒凝固时先形成固溶体，到达共晶温度时，固溶体凝固结束，此时固溶体的长度为 Z，Z 处固溶体的溶质浓度 C_S 应为 0.30，代入式（5-1）：

$$0.30=0.50\times0.40\times\left(1-\frac{Z}{L}\right)^{0.5-1} \qquad 1-\frac{Z}{L}=0.444$$

共晶体占合金圆棒的体积百分数为44.4%。

合金圆棒中溶质B的浓度分布曲线和组织分布见图5-12。

④ 如果是平衡凝固，共晶体的相对量为：$W_{共晶}=\frac{0.40-0.30}{0.60-0.30}=33.3\%$

由计算结果可知，不平衡凝固时共晶体的数量增加。

例题 5-7 绘出亚共晶白口铸铁（$w_C=3.5\%$）平衡凝固时的冷却曲线，并计算室温时组成相和组织组成物的相对量。

解：① 亚共晶白口铸铁平衡凝固时的冷却曲线见图5-13（a），图中的数字1、2、3分别表示该铸铁的熔点、共晶温度、共析温度。

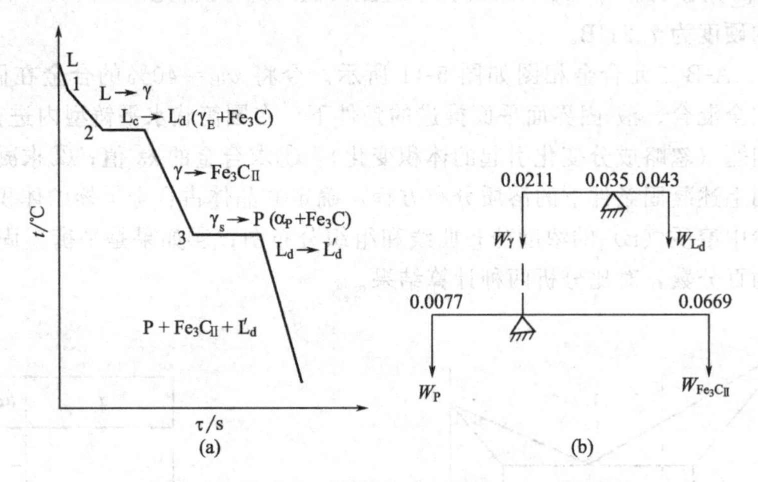

图 5-13 亚共晶白口铸铁的冷却曲线和相对量计算

② 计算组成相的相对量。首先确定该铸铁在室温时的组成相为α，Fe_3C。

$$W_\alpha=\frac{0.0669-0.035}{0.0669-0}=47.68\% \qquad W_{Fe_3C}=\frac{0.035-0}{0.0669-0}=52.32\%$$

③ 计算组织组成物的相对量。首先确定该铸铁在室温时的组织组成物是P、Fe_3C_{II}和L'_d。使用一次杠杆定律只能计算两种相或两种组织组成物的相对量，现有三种组织组成物，应怎样计算？可以使用两次杠杆定律。由合金凝固过程可知，P和Fe_3C_{II}都是由初生奥氏体转变而来的，低温莱氏体L'_d是由高温莱氏体L_d转变而来的，所以可以先用杠杆定律计算出初生奥氏体和高温莱氏体的相对量。低温莱氏体L'_d的相对量就等于高温莱氏体L_d的相对量，P+Fe_3C_{II}的相对量就等于初生奥氏体的相对量。然后再用一次杠杆定律计算出P、Fe_3C_{II}的相对量，如图5-13（b）所示。

具体计算过程：$W_{L'_d}=W_{L_d}=\frac{0.035-0.0211}{0.043-0.0211}=63.5\%$ $\qquad W_\gamma=36.5\%$

$$W_P=\frac{0.0669-0.0211}{0.0669-0.0077}\times36.5\%=28.2\%$$

$$W_{Fe_3C_{II}}=\frac{0.0211-0.0077}{0.0669-0.0077}\times36.5\%=8.3\%$$

例题 5-8 图5-14为三元系中两种三相区在不同温度下截得的共轭三角形在成分三角形中的投影。试判断两种三相平衡转变的类型，并说明理由。

解：在此类投影图中，可以利用不同温度下截得的共轭三角形相对位置的变化分析其移

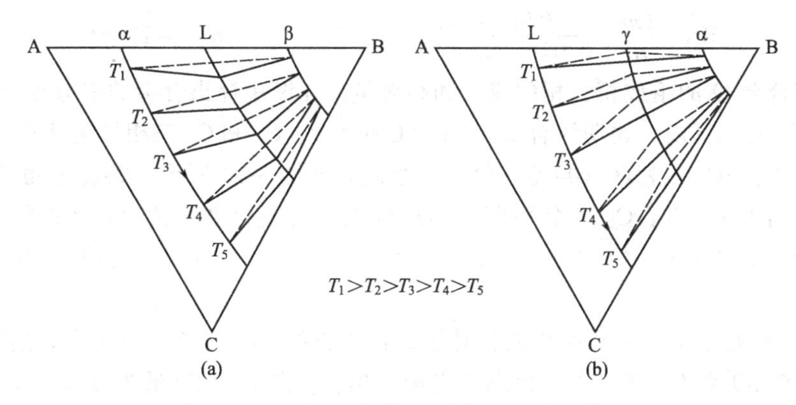

图 5-14 两种三相区连同共轭三角形的投影

动方向，来判断三相平衡转变的类型。三相平衡共晶转变的特征是：由高温到低温，不同温度下的共轭三角形是以三角形的一个顶点为先导（一个顶点在前）向降温方向（箭头指向）移动，所以图中（a）为三相平衡共晶转变。三相平衡包晶转变的特征是：由高温到低温，不同温度下的共轭三角形是以三角形的一个边为先导（一个边在前）向降温方向（箭头指向）移动，所以图中（b）为三相平衡包晶转变。

例题 5-9 图 5-15 为 Fe-C-Cr 三元系在 1150℃的等温截面，确定合金 O($w_C=2\%$，$w_{Cr}=13\%$）和合金 O′($w_C=3\%$，$w_{Cr}=10\%$）的组成相、相的成分和相对量。

解：首先在图中标出合金的成分点，成分点在哪个相区内，该相区中的相就是合金的组成相。根据直线法则、杠杆定律或者重心法则等来确定相的成分和相对量。

① 确定合金 O 的相组成、相的成分和相对量。图 5-15 为直角坐标系，在坐标轴上的 $w_C=2\%$处和 $w_{Cr}=13\%$处分别作坐标轴的垂线，两条垂线的交点就是合金的成分点 O。

合金成分点 O 落在 γ+C_1 两相区，说明它在 1150℃处于 γ 和 C_1 两相平衡状态。γ 和 C_1 相的成分点分别在 cd 曲线和 ef 线上；究竟在线上的哪一点呢？可用下面的方法近似地确定：将该相区的两条直边延长相交，连接交点和 O 点作直线，和 cd 曲线相交于 a，和 ef 线相交于 b，a 点就是 γ 相的成分点，b 点就是 C_1 相的成分点。根据图中的坐标可以读出：γ 相的成分为 $w_C=0.95\%$，$w_{Cr}=7\%$；C_1 相的成分为 $w_C=7.6\%$，$w_{Cr}=47\%$。

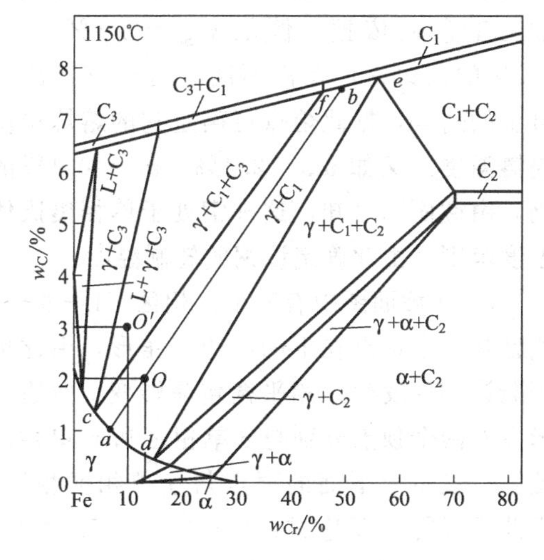

图 5-15 Fe-C-Cr 三元系 1150℃等温截面

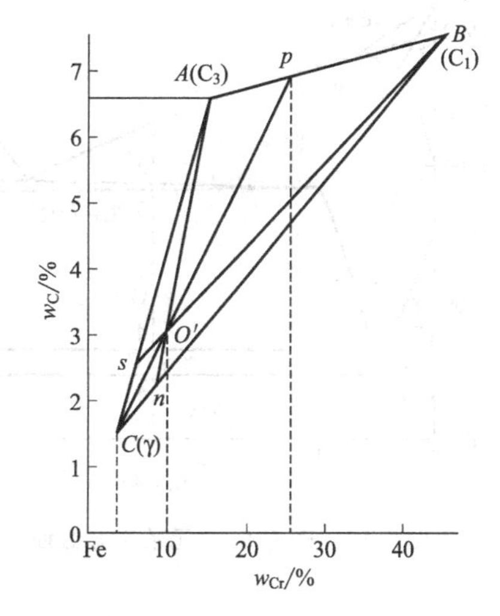

图 5-16 γ+C_1+C_3 三相区

$$W_{\gamma}=\frac{Ob}{ab}=\frac{0.076-0.02}{0.076-0.0095}=84.2\%\qquad w_{C_1}=15.8\%$$

② 确定合金O′的组成相、相的成分和相对量。在图中标出合金的成分点O'，成分点落在$\gamma+C_1+C_3$三相区内，说明该合金在1150℃处于γ、C_1和C_3三相平衡状态。为了清楚起见，只把$\gamma+C_1+C_3$三相区（共轭三角形）绘出，如图5-16所示。共轭三角形的三个顶点C、B、A分别为γ、C_1、C_3三个平衡相的成分点。由图中坐标读出：γ相的成分为$w_C=1.4\%$，$w_{Cr}=3.5\%$；C_1的成分为$w_C=7.4\%$，$w_{Cr}=43\%$；C_3的成分为$w_C=6.7\%$，$w_{Cr}=14\%$。

根据重心法则求出三个平衡相的相对量。首先连接CO'交AB于p点，连接BO'交AC于s点，连接AO'交BC于n点。由图中坐标读出：p点的含Cr量为$w_{Cr}=25\%$，s点的含Cr量为$w_{Cr}=5.7\%$，n点的含Cr量为$w_{Cr}=9.08\%$。

方法一：

$$W_{\gamma}=\frac{O'p}{Cp}=\frac{0.25-0.10}{0.25-0.035}=69.8\%$$

$$W_{C_1}=\frac{O's}{Bs}=\frac{0.10-0.057}{0.43-0.057}=11.5\%$$

$$W_{C_3}=\frac{O'n}{An}=\frac{0.10-0.0908}{0.14-0.0908}=18.7\%$$

方法二：

$$W_{\gamma}=\frac{O'p}{Cp}=\frac{0.25-0.10}{0.25-0.035}=69.8\%$$

$$W_{C_1}=\frac{Ap}{AB}(1-W_{\gamma})=\frac{0.25-0.14}{0.43-0.14}(1-0.698)=11.5\%$$

$$W_{C_3}=\frac{pB}{AB}(1-W_{\gamma})=\frac{0.43-0.25}{0.43-0.14}(1-0.698)=18.7\%$$

例题5-10　图5-17为Fe-C-Si三元系的变温截面图（$w_{Si}=2.4\%$）。请回答下列问题：①该变温截面图有何用途？②判断三相区中发生的转变，写出反应式；③分析合金O（$w_C=2.3\%$，$w_{Si}=2.4\%$）的平衡凝固过程。

解：① 该变温截面的用途：a. 确定合金在给定温度下的相组成；b. 分析合金的平衡凝固过程；c. 确定合金的相变温度，作为制定热加工工艺的依据。例如$w_{Si}=2.4\%$，$w_C=2.3\%$的灰铸铁，在截面图上可以直接读出该合金的熔点，据此熔点可确定它的熔炼温度和浇铸温度。又如$w_{Si}=2.4\%$，$w_C=0.1\%$的硅钢，由截面图可知，这种钢处于单相奥氏体的温度范围，由此确定该钢的轧制温度。

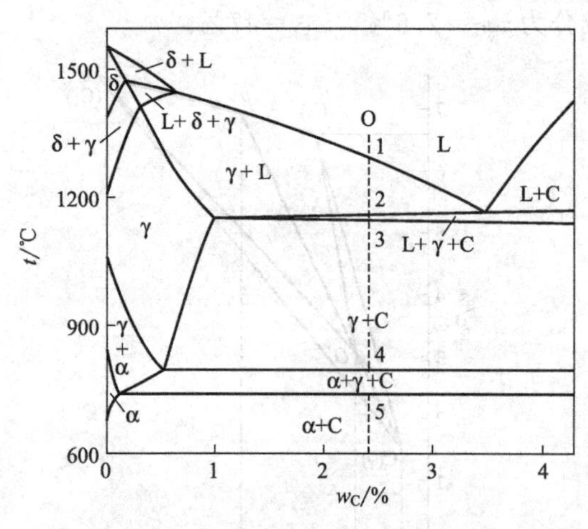

图5-17　Fe-C-Si三元系变温截面

② 在截面图中有三个三相区。L+δ+γ三相区是一个顶点在下的曲边三角形，由此可以判断该相区发生三相平衡包晶转变。曲边三角形左右两个顶点分别与δ单相区和L单相区相接触，三角形下面的顶点与γ单相区相接触，据此可以写出反应式：L+δ→γ。L+γ+C三相区不完整，可根据相区邻接关系来判断。该相区上邻L单相区，下邻γ+C两相区，可见

L 相冷却至三相区内发生了三相平衡共晶转变：L→γ+C。α+γ+C 三相区内的转变同样可以根据相区邻接关系来判断：三相区上邻 γ 单相区，下邻 α+C 两相区，说明 γ 相冷却至三相区内发生了三相平衡共析转变：γ→α+C。

③ 合金 O 的平衡凝固过程

1～2　由液相中结晶出 γ；

2～3　液相发生共晶转变：L→γ+C；

3～4　γ 中析出 $C_{Ⅱ}$；

4～5　γ 发生共析转变：γ→α+C；

＜5　　α 中析出 $C_{Ⅲ}$。

最终得到的组织为：α+C(石墨)。

说明：共晶转变、共析转变生成的 C 以及从 γ、α 中析出的 $C_{Ⅱ}$、$C_{Ⅲ}$ 均连成一体，不再区分。

例题 5-11　图 5-18 为组元在固态下有限溶解的三元共晶相图投影图。①分析合金 O 的平衡凝固过程，说明在凝固过程中各相成分的变化路线；②绘出冷却曲线。

解：① 合金 O 的平衡凝固过程。合金成分点 O 在液相面 AE_1EE_3A、三相平衡共晶转变起始面 $a''aEE_3a''$、四相平衡面 abc 的投影内。

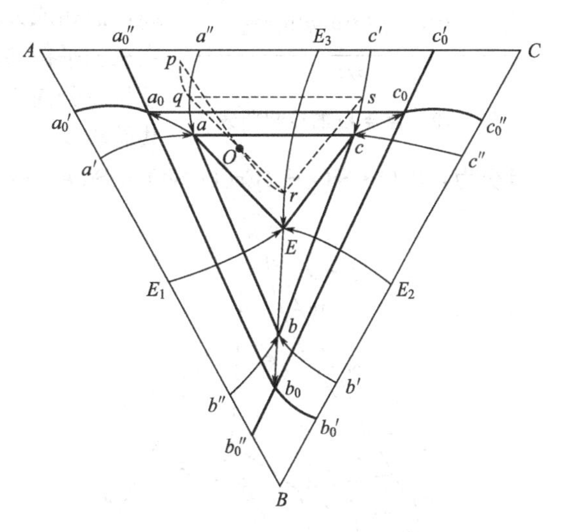

图 5-18　三元共晶相图投影图

当液相冷至液相面温度 t_1 时，开始发生匀晶转变 L→α，从液相中结晶出初生相 α，进入两相区。随着温度降低，液相中不断结晶出 α 相，两相成分的变化遵守蝴蝶形规律，液相的成分沿着液相面上的空间曲线（投影为 Or 曲线）变化，α 相的成分沿着固相面 $Aa'aa''A$ 上的空间曲线（投影为 pq）变化。

当冷却至三相平衡共晶转变起始面温度 t_2 时，α 相的成分到达单变量线 $a''a$，与 $a''a$ 交于 q 点，液相的成分到达三相平衡共晶转变线 E_3E，和 E_3E 交于 r 点。此时，匀晶转变L→α停止，液相开始发生三相平衡共晶转变，形成两相共晶体，即 L→(α+γ)，进入三相区。随着温度降低，液相中不断结晶出（α+γ）共晶体，液相、α 相、γ 相的成分分别沿着三条单变量线上的 rE、qa、sc 变化。

当冷却至四相平衡面温度 t_E 时，α 相、γ 相的成分分别到达 a 点和 c 点，液相的成分到达 E 点，三相平衡共晶转变停止，E 点成分的液相发生四相平衡共晶转变，形成三相共晶体，即 L_E→($α_a$+$β_b$+$γ_c$)，直到液相消失，此时组织是：$α_{初晶}$+$(α+γ)_{共晶}$+$(α+β+γ)_{共晶}$。

继续冷却，当温度小于 t_E 时，α、β、γ 三个固溶体的溶解度将分别沿着各自的溶解度曲线 aa_0、bb_0、cc_0 变化，其溶解度随温度的降低而减少，因此要从每个固溶体中析出两个次生相，即 α→$β_{Ⅱ}$+$γ_{Ⅱ}$，β→$α_{Ⅱ}$+$γ_{Ⅱ}$，γ→$α_{Ⅱ}$+$β_{Ⅱ}$。随温度的降低，不断析出次生相，冷至室温时，α、β、γ 三个固溶体的溶解度分别为 a_0、b_0、c_0。室温组织：α+(α+γ)+(α+β+γ)+$β_{Ⅱ}$+$γ_{Ⅱ}$。

说明：a. 要准确地绘出空间曲线的投影 Or、pq 需要通过实验来确定，该题只是近似地绘出。可以确定的是：q 点一定在单变量线 $a''a$ 上，r 点一定在共晶转变线 E_3E 上，qOr 一定在一条直线上；b. 刚开始发生三相平衡共晶转变 L→α+γ 时，γ 相的成分点一定在单变量线 $c'c$ 上，把 γ 相的成分点近似地定在 s 点，使 qrs 构成一个共轭三角形。随着温度的降低，液相、α 相、γ 相的成分分别沿着三条单变量线上的 rE、qa、sc 变化；c. 两相共晶体（α+γ）和三相共晶体（α+β+γ）中的 α、β、γ 析出的次生相难以区分，仍然属于共晶体内，所以不必单独写出，只把初生相 α 中析出的次生相写出即可。

② 合金 O 的冷却曲线见图 5-19。

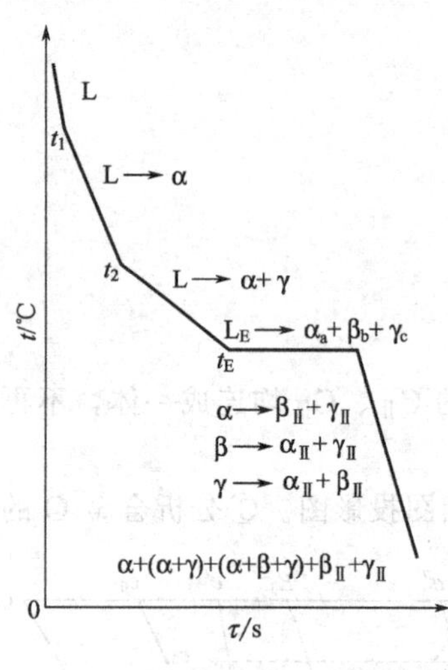

图 5-19　合金 O 的冷却曲线

例题 5-12　图 5-20（a）为 CaO-SiO_2-Al_2O_3 三元系投影图富 SiO_2 的一角，已知三元系中各固相的相互固溶度几乎为零。请回答下列问题：①分析 O 点成分陶瓷的凝固过程；②求室温时陶瓷中三个组成相的相对量。

解：① 由等温线可知，该陶瓷大约在 1450℃从液相中析出 $CaO \cdot SiO_2$（A 点成分）。随温度降低，$CaO \cdot SiO_2$ 不断增加，液相成分沿 OB 线移动。当液相成分到达 B 点时，开始发生三相平衡共晶转变 L→SiO_2+$CaO \cdot SiO_2$，温度继续降低，液相成分向 C 点移动。当液相成分达到 C 点时，发生四相平衡共晶转变 L_C→$CaO \cdot SiO_2$+SiO_2+$CaO \cdot Al_2O_3 \cdot 2SiO_2$。最终组织为：$CaO \cdot SiO_2$+($CaO \cdot SiO_2$+$SiO_2$)+($CaO \cdot SiO_2$+$SiO_2$+$CaO \cdot Al_2O_3 \cdot 2SiO_2$)。

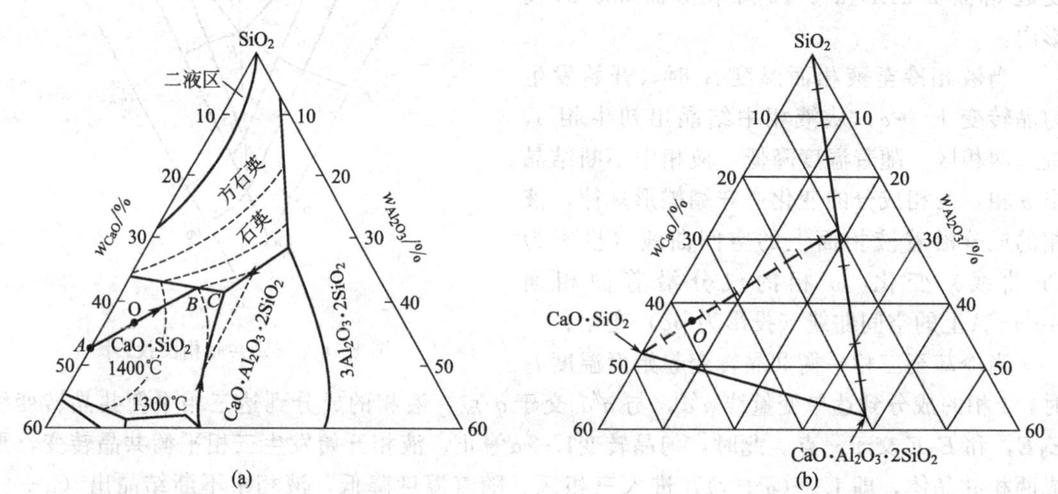

图 5-20　CaO-SiO_2-Al_2O_3 三元系部分投影图和相对量计算

② 将三个组成相 $CaO \cdot SiO_2$、SiO_2、$CaO \cdot Al_2O_3 \cdot 2SiO_2$ 的成分点标于成分三角形中，见图 5-20（b），用重心法则求出：$w_{CaO \cdot SiO_2}=7.5/10=75\%$

$$w_{SiO_2}=(1-0.75)\times\frac{5}{10}=12.5\%$$

$$w_{CaO \cdot Al_2O_3 \cdot 2SiO_2}=12.5\%$$

5.6　习题及参考答案

5.6.1　习题

习题 5-1　解释下列基本概念和术语

组元、相、相平衡、相图；

匀晶转变、晶内偏析、枝晶偏析、平衡分配系数、显微偏析、宏观偏析、区域熔炼、成分过冷、共晶转变、共晶体、脱熔转变、次生相、初生相、先共晶相、组织、组成相、组织组成物、伪共晶、离异共晶、包晶转变、包晶偏析、稳定化合物、不稳定化合物、共析转变、包析转变、偏晶转变、熔晶转变、合晶转变、有序化转变、同素异晶转变；

铁素体、奥氏体、渗碳体、一次渗碳体、二次渗碳体、三次渗碳体、珠光体、莱氏体、工业纯铁、钢、白口铸铁、正偏析、反偏析、密度偏析；

共轭线、共轭三角形、直线法则、重心法则、四相平衡共晶转变、四相平衡包共晶转变、四相平衡包晶转变。

习题 5-2 判断下列说法是否正确，并说明理由。

① 在二元匀晶相图的两相区，保持相数不变的状态下，温度和两相成分都可以改变，所以自由度为 2。

② 固溶体凝固时，只要满足了结构起伏和能量起伏的条件，就可以形核。

③ 固溶体晶粒内的枝晶偏析，由于晶轴和枝间的成分不同，所以整个晶粒不是一个相。

④ 固溶体合金无论在平衡或不平衡凝固过程中，液-固界面上液相成分沿着液相平均成分线变化，固相成分沿着固相平均成分线变化。

⑤ 平衡分配系数 k_0 取决于液相线和固相线的水平距离，因此合金的成分越靠近匀晶相图的两端，k_0 就越小。

⑥ 假定固溶体合金圆棒自左端向右端逐渐凝固，固-液界面保持平直，固-液界面推进速度越快，则棒中的宏观偏析越严重。

⑦ 纯金属和固溶体合金凝固时，在正的温度梯度下都只能以平面方式长大。

⑧ 在二元匀晶相图中，液相线和固相线之间的距离越大，合金的铸造性能越好。

⑨ 二元相图中，在共晶线上利用杠杆定律可以计算共晶体的相对量，而共晶线属于三相区，所以二元系中，杠杆定律不仅可用于两相区，而且可用于三相区。

⑩ 具有共晶线端点成分的合金，在平衡条件下凝固，室温组织中既无共晶体又无次生相存在。

⑪ 在不平衡条件下凝固，共晶成分附近的合金易于形成离异共晶。

⑫ 具有包晶转变的合金，室温的组成相为 $\alpha+\beta$，其中 β 相均是包晶转变的产物。

⑬ 三元合金两相平衡时，有两个自由度，所以两个平衡相的成分都可以独立改变。

⑭ 在三元相图的等温截面和变温截面上，都可用杠杆定律计算两平衡相的相对量。

⑮ 无论是二元系还是三元系，三相平衡共晶转变都是在恒温下进行的。

⑯ 不论是二元合金还是三元合金，发生三相平衡共晶转变时，液相的成分都是固定不变的。

⑰ 在三元相图的变温截面上，四相平衡平面为一水平线，若在水平线以上有一个三相区邻接，水平线以下有三个三相区邻接，则可判定该四相平衡转变为包共晶转变。

⑱ 在三元相图的变温截面上，三相平衡包晶转变三相区是一个顶点向上的曲边三角形。

习题 5-3 指出图 5-21 中的错误之处，并说明理由。

习题 5-4 Cu-Zn 合金 $w_{Zn}=30\%$，求合金中 Zn 的摩尔分数。

习题 5-5 分析枝晶偏析是怎样产生的？枝晶偏析对性能有何影响？为了消除枝晶偏析，常用的方法是什么？

习题 5-6 绘图说明成分过冷的形成。产生成分过冷的临界条件是什么？说明 m、D、

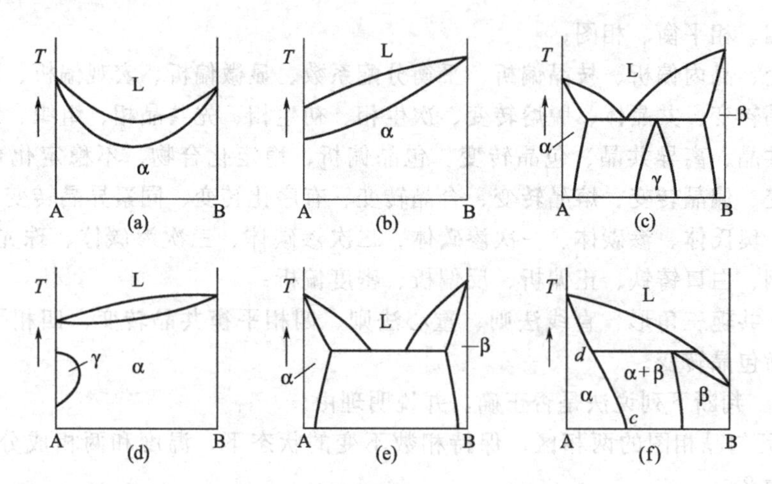

图 5-21 有错误的六个二元相图

k_0、G、R、C_0 对成分过冷的影响。

习题 5-7 有两个形状、尺寸均相同的 Cu-Ni 合金铸件，其中一个铸件的含镍量 $w_{Ni}=90\%$，另一个铸件的含镍量 $w_{Ni}=50\%$，铸后自然冷却。请问：①凝固后哪个铸件的枝晶偏析严重？②哪种合金成分过冷倾向较大？③室温下哪个铸件的硬度较高？

习题 5-8 成分过冷对固溶体凝固时晶体生长形态和铸锭组织有何影响？

习题 5-9 在正的温度梯度下，为什么纯金属凝固时不能呈树枝状长大，而固溶体合金却能呈树枝状长大？

习题 5-10 根据下列数据绘出概略的二元相图：组元 A 的熔点为 400℃，组元 B 的熔点为 350℃。$w_B=30\%$的合金在 200℃凝固完毕，组织由 75%的先共晶 α 和 25%的共晶体(α+β)组成。$w_B=50\%$的合金在 200℃凝固完毕，组织由 30%的先共晶 α 和 70%的共晶体(α+β) 组成，而此合金的 α 相总量为 50%。室温时，α 和 β 固溶体的溶解度均为零。

习题 5-11 图 5-22 为 A-B 二元共晶相图，请回答下列问题：①分析合金Ⅰ的平衡凝固过程，画出冷却曲线；②计算合金Ⅰ室温时组成相和组织组成物的相对量；③如果合金Ⅰ在快冷不平衡条件下凝固，组织有何变化？④合金Ⅱ室温时的平衡组织和快冷不平衡条件下凝固得到的组织有何不同？

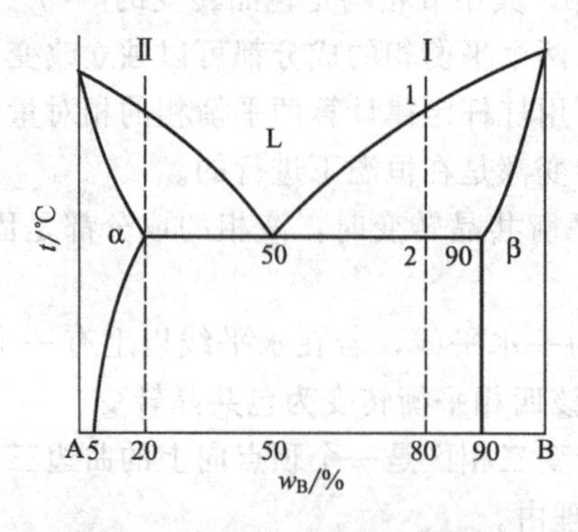

图 5-22 A-B 二元共晶相图

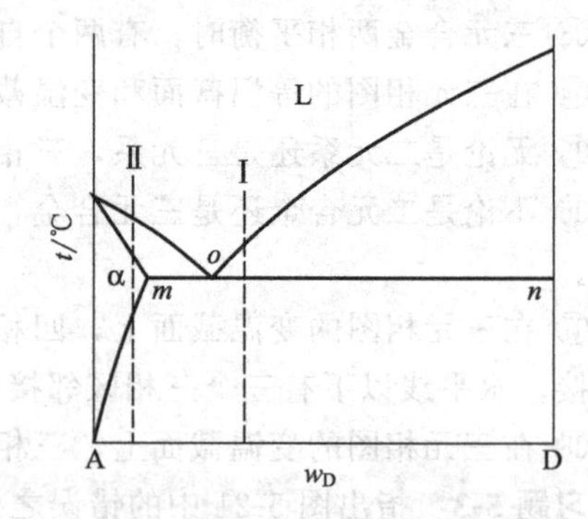

图 5-23 A-D 二元共晶相图

习题 5-12 A-D 二元共晶相图如图 5-23 所示，试回答下列问题：①用组织组成物填写相图中的各区；②说明合金Ⅰ、Ⅱ室温时的平衡组织和快冷不平衡凝固时得到的组织有何不同？

习题 5-13　图 5-24 为 Cu-Sn 合金相图，回答下列问题：①判断水平线上的转变类型，并写出反应式；②$w_{Sn}=10\%$的青铜在哪个温度下有 1/3 的液体？

习题 5-14　用 $w_{Zn}=30\%$的 Cu-Zn 合金和 $w_{Sn}=10\%$的 Cu-Sn 合金制造形状、尺寸相同的铸件，请问：①哪种合金的流动性好？②哪种合金形成疏松的倾向大？③哪种合金的热裂倾向大？④哪种合金的枝晶偏析倾向大？（Cu-Zn 合金相图见图 5-25）。

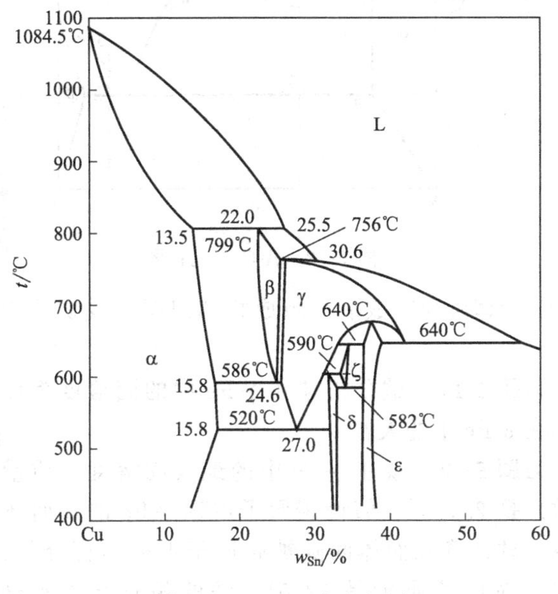

图 5-24　Cu-Sn 合金相图

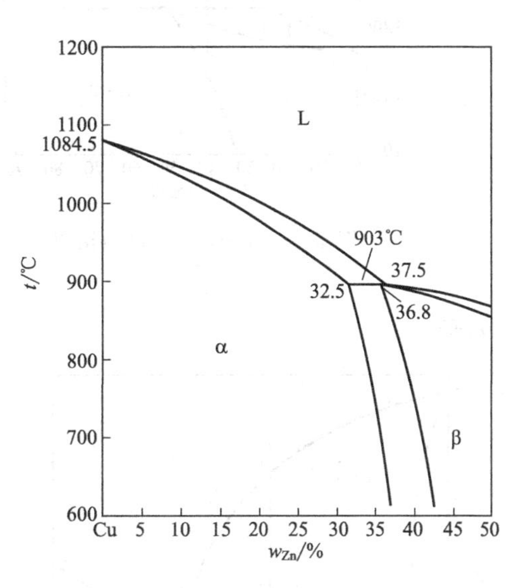

图 5-25　Cu-Zn 合金相图

习题 5-15　Mg-Cu 二元相图如图 5-26 所示，试回答下列问题：①用相填写相区；②判断各条水平线的转变类型，写出反应式；③分析 $w_{Cu}=70\%$的合金的平衡凝固过程；④该合金在快冷不平衡凝固时得到的组织是什么？

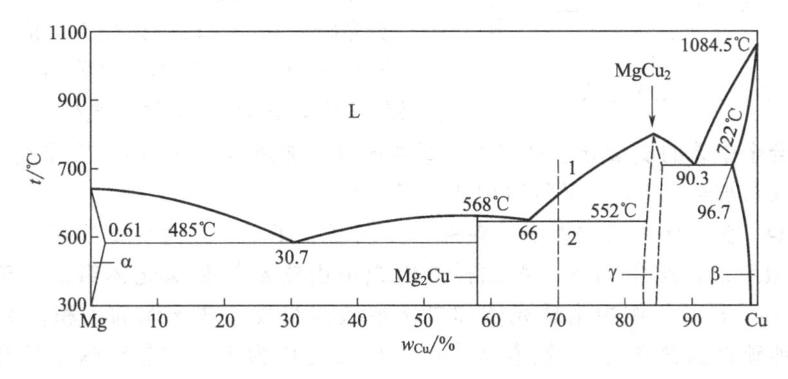

图 5-26　Mg-Cu 合金相图

习题 5-16　图 5-27 为 Ti-W 合金相图，试回答下列问题：①分析合金Ⅰ、Ⅱ的平衡凝固过程；②合金Ⅰ、Ⅱ在快冷不平衡凝固时得到的组织和平衡组织有何不同？

习题 5-17　A-C 二元相图如图 5-28 所示，试回答下列问题：①用相填写相区；②判断两条水平线上发生的转变，写出转变类型和反应式；③分析合金Ⅰ、Ⅱ的平衡凝固过程和组织。

习题 5-18　ZrO_2-SiO_2 相图如图 5-29 所示，试回答下列问题：①判断水平线上发生的转变类型，并写出反应式；②分析 O 点成分陶瓷的平衡凝固过程和凝固完成后的组织；

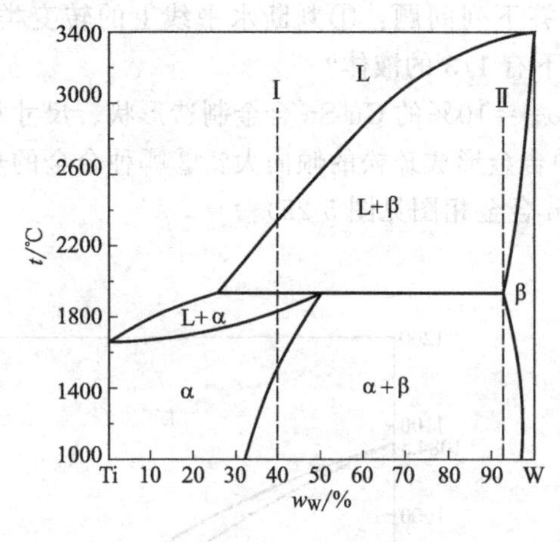

图 5-27 Ti-W 二元包晶相图

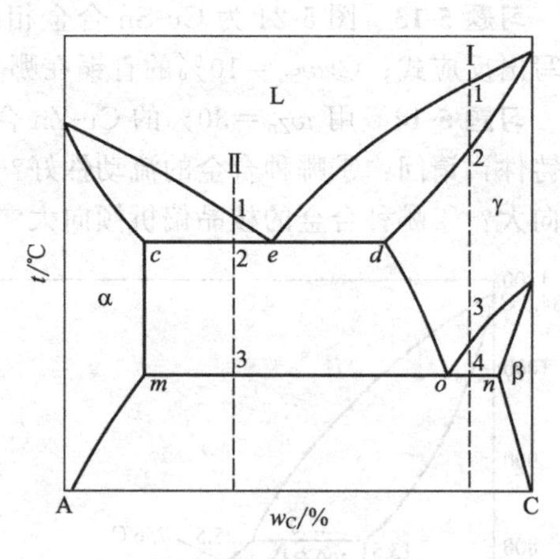

图 5-28 A-C 二元相图

③计算凝固完成后，组成相和组织组成物的相对量。

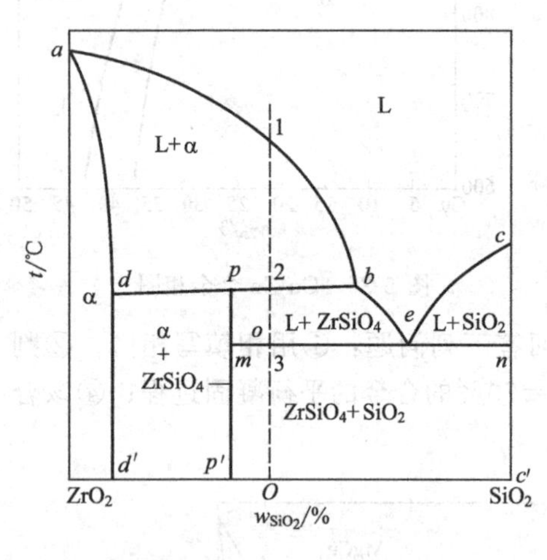

图 5-29 ZrO_2-SiO_2 相图

习题 5-19 试分析碳在 γ-Fe 中的固溶度为什么比在 α-Fe 中的大？

习题 5-20 碳在 γ-Fe 中的最大固溶度（质量分数）是 2.11%，假设碳原子占据 γ-Fe 的八面体间隙，试计算八面体间隙被碳原子占据的百分数。碳的相对原子质量是 12.01，铁的相对原子质量是 55.85。

习题 5-21 在 800℃时，20 钢内存在哪些相？写出这些相的成分？各相的质量分数是多少？

习题 5-22 根据 Fe-Fe_3C 相图，计算铁碳合金中二次渗碳体和三次渗碳体最大可能含量。

习题 5-23 某一碳钢在平衡冷却条件下，所得显微组织中，含有 50%的珠光体＋50%的铁素体，请问：①此合金中碳的质量分数是多少？②若该合金加热至 730℃时，在平衡条件下将获得什么组织？③若加热至 850℃又将得到什么组织？

习题 5-24 为了区分两种弄混的碳钢，分别截取了 A、B 两块试样进行完全退火，然后观察其显微组织，结果如下：A 试样的组织中由铁素体和珠光体组成，珠光体的面积占 58.4%；B 试样的组织中由珠光体和二次渗碳体组成，珠光体的面积占 92.7%。试估算 A、B 两种碳钢的含碳量。（铁素体中的含碳量近似为零，并忽略铁素体和渗碳体密度的差别）

习题 5-25 计算变态莱氏体中渗碳体的相对量，其中共晶渗碳体、二次渗碳体、共析渗碳体各为多少？

习题 5-26 已知某铁碳合金，其组成相为铁素体和渗碳体，铁素体占 82%，试求该合金的含碳量和组织组成物的相对量。

习题 5-27 简述铸锭三晶区形成机理，如何控制铸锭组织？

习题 5-28 何谓钢的热脆性？冷脆性？是怎样产生的？如何防止？

习题 5-29 比较二元匀晶相图和三元匀晶相图变温截面的主要差别。

习题 5-30 试在 ABC 成分三角形中标出下列合金的位置：①$w_B=10\%$，$w_C=10\%$；②$w_B=20\%$，$w_C=30\%$；③$w_C=40\%$，A 和 B 组元的质量比为 1∶4；④$w_A=30\%$，B 和 C 组元的质量比为 2∶3。

习题 5-31 A-B-C 三元合金相图，合金 K 在某一温度时分解为 B 组元和液相，两个相的相对量 $W_B/W_L=1/2$，已知合金 K 中 A 组元和 B 组元的质量比为 1∶3，液相含 B 为 0.4，试求合金 K 的成分。

习题 5-32 在成分三角形中，找出 P($w_A=70\%$，$w_B=20\%$，$w_C=10\%$)、Q($w_A=30\%$，$w_B=50\%$，$w_C=20\%$)、N($w_A=30\%$，$w_B=10\%$，$w_C=60\%$)合金的位置。若将 5kg P 合金、5kg Q 合金和 10kg N 合金熔合在一起，试求新合金的成分。

习题 5-33 图 5-30 为组元在固态互不溶解的三元共晶相图投影图。请回答下列问题：①指出三相平衡共晶转变起始面的投影，说明 E_1E、E_2E、E_3E 线表示的意义；②分析 O 点合金的平衡凝固过程和组织，并说明在凝固过程中液相成分怎样变化；③绘出室温组织示意图；④计算室温时组成相和组织组成物的相对量。

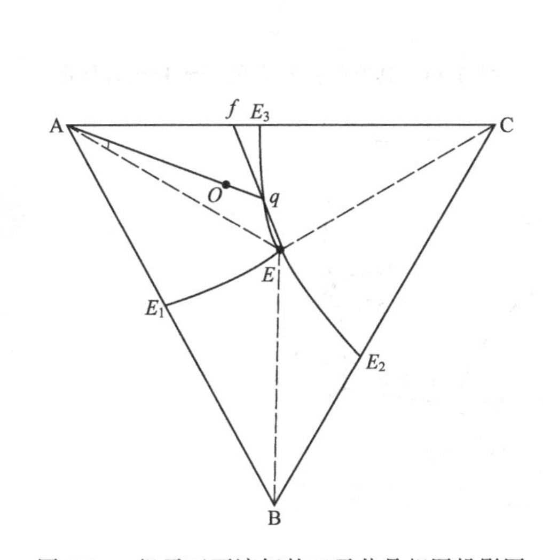

图 5-30 组元互不溶解的三元共晶相图投影图

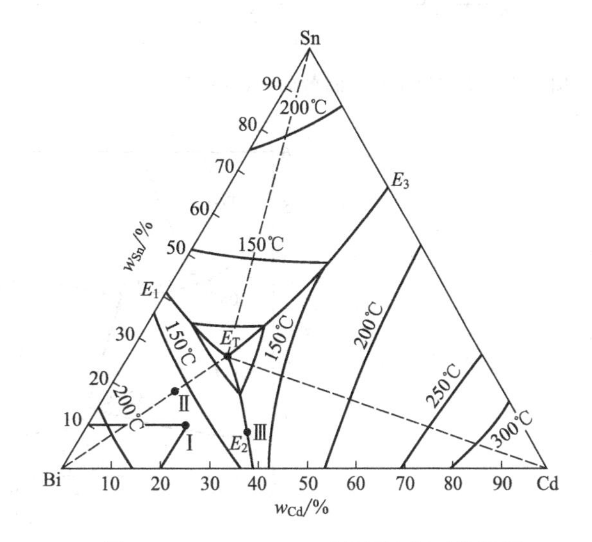

图 5-31 Bi-Cd-Sn 三元相图液相面投影图

习题 5-34 图 5-31 为组元在固态下互不溶解的 Bi-Cd-Sn 三元共晶相图投影图。请回答下列问题：①示意地绘出 $w_{Sn}=20\%$的变温截面图；②在投影图中标出合金Ⅰ（$w_{Sn}=10\%$，$w_{Cd}=20\%$）的成分点，估计合金Ⅰ的熔点，指出其平衡凝固时的初生相和室温组织；③合金Ⅱ、合金Ⅲ、E_T 的室温组织和合金Ⅰ有何不同？

习题 5-35 图 5-32 为 Fe-C-Cr 系变温截面图（$w_{Cr}=13\%$），试分析 Cr12（$w_{Cr}=13\%$，$w_C=2\%$）型模具钢的平衡凝固过程，并说明其组织特点。

习题 5-36 图 5-33 为具有包晶转变的三元相图投影图。请回答下列问题：①判断四相平衡转变类型，写出反应式，标明四个平衡相的成分点；②判断四相平衡转变前后的三相平衡转变，写出反应式。

习题 5-37 图 5-34 为 Fe-W-C 三元系液相面投影图，判断四相平衡转变的类型，并写出转变反应式。

5.6.2 参考答案

习题 5-1 略。

习题 5-2

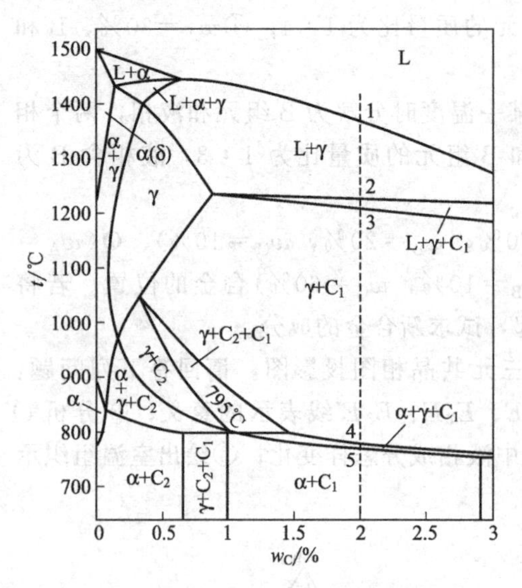

图 5-32 Fe-C-Cr 系变温截面（$w_{Cr}=13\%$）

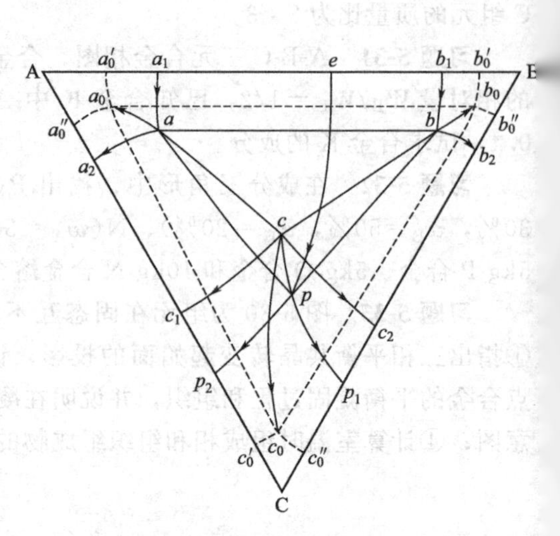

图 5-33 具有包晶转变的三元相图投影图

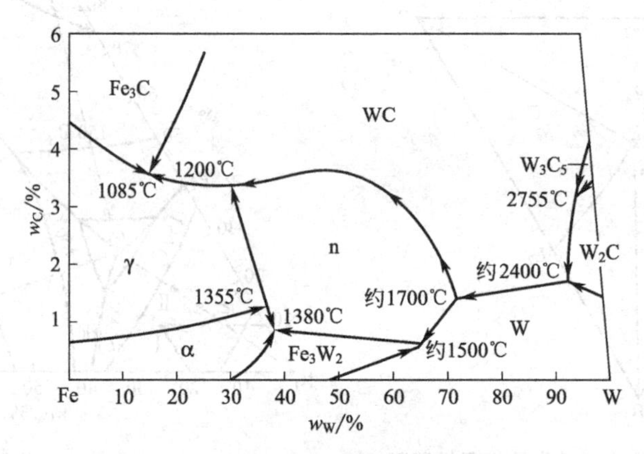

图 5-34 Fe-W-C 三元系液相面投影图

① 错误；只有温度可以独立改变，所以自由度为 1。

② 错误；不仅要满足结构起伏和能量起伏，还要满足成分起伏的条件。

③ 错误；整个晶粒是一个相。

④ 错误；液相成分沿着液相线变化，固相成分沿着固相线变化。

⑤ 错误；平衡分配系数 k_0 取决于 C_S/C_L 的比值，而不是液相线和固相线的水平距离。(若把液相线、固相线近似地看作直线，则 k_0 为常数)

⑥ 错误；固-液界面推进速度越快，则棒中的宏观偏析越小。

⑦ 错误；固溶体合金在正的温度梯度下，无成分过冷时，以平面方式长大；有成分过冷时，可以胞状方式长大或者树枝状方式长大。

⑧ 错误；液相线和固相线之间的距离越大，合金的铸造性能越差。

⑨ 错误；二元相图中，杠杆定律适用于两相区。计算共晶体的相对量实际上是在两相区计算出来的。

⑩ 错误；具有共晶线端点成分的合金，室温组织中一般都有次生相存在。

⑪ 错误；在不平衡条件下凝固，共晶成分附近的合金易于形成伪共晶。

⑫ 错误；室温的组成相为 α+β，其中 β 相不一定是包晶转变的产物。

⑬ 错误；温度和其中一个平衡相的成分可以独立改变。

⑭ 错误；在变温截面上，除特殊情况外，不能用杠杆定律计算两平衡相的相对量。

⑮ 错误；三元系，三相平衡共晶转变是在变温下进行。

⑯ 错误；三元合金发生三相平衡共晶转变时，液相的成分随温度而变化。

⑰ 错误；该四相平衡转变为包晶型转变。

⑱ 错误；三相平衡包晶转变三相区是一个顶点向下的曲边三角形。

习题 5-3　图 5-21（a）匀晶相图中某一温度下两相平衡时，液相成分和固相成分都是确定的，不可能有两种不同成分的液相或者有两种不同成分的固相。图 5-21（b）纯组元 A 在恒温结晶，而不是一个温度范围。图 5-21（c）二元系最多三相平衡，水平线应与三个单相区点接触，而不是与四个单相区点接触。图 5-21（d）γ 与 α 相互转变时，自由度为 1，在 γ 单相区与 α 单相区之间应有一个两相区，而不是一条线。图 5-21（e）二元系三相平衡时，自由度为零，三个相都有确定的成分，液相的成分不应该是一个成分范围。图 5-21（f）中固溶度线 cd 的延长线的走势错误，cd 线延长线应伸向 L+α 两相区。

习题 5-4　$x_{Zn}=29.5\%$

习题 5-5　略。

习题 5-6　绘图说明成分过冷的形成：略。

产生成分过冷的临界条件是：$\frac{G}{R}=\frac{mC_0}{D}\times\frac{1-k_0}{k_0}$，只有$\frac{G}{R}<\frac{mC_0}{D}\times\frac{1-k_0}{k_0}$时，才会产生成分过冷。对于不同的合金系，$m$ 值越大、k_0 越小（$k_0<1$ 时）、D 越小，越有利于产生成分过冷。对于同一合金系，m、k_0、D 可视为定值，因此，G 越小、R 越大、C_0 越大，越有利于产生成分过冷。

习题 5-7　①$w_{Ni}=50\%$的合金枝晶偏析严重。在铸件的形状、尺寸和冷却条件相同的情况下，枝晶偏析的程度主要取决于液、固相线之间的水平距离，水平距离越大，结晶出来的固相成分和合金成分的差别越大，枝晶偏析越严重。$w_{Ni}=50\%$的合金液、固相线之间的水平距离大，所以枝晶偏析严重。②$w_{Ni}=50\%$的合金成分过冷倾向大。$w_{Ni}=50\%$的合金就是 $w_{Cu}=50\%$的合金，$w_{Ni}=90\%$的合金就是 $w_{Cu}=10\%$的合金；我们把 Cu 看作溶质，溶质浓度 C_0 越大，越容易形成成分过冷，所以 $w_{Cu}=50\%$的合金（即 $w_{Ni}=50\%$的合金）成分过冷倾向大。③$w_{Ni}=50\%$的合金硬度高，溶质含量越高，固溶强化的效果越好。

习题 5-8　在正的温度梯度下，若无成分过冷，晶体以平面方式生长，界面呈平直界面。成分过冷区较小时，晶体以胞状方式生长，呈现凹凸不平的胞状界面，称为胞状组织或胞状结构。成分过冷区大时，晶体可以树枝状方式生长，形成树枝晶。在两种组织形态之间还会存在过渡形态：平面胞状晶和胞状树枝晶。当成分过冷度大于形成新晶核所需要的过冷度时，就会在固-液界面前沿的液相中产生大量的新晶核，从而获得等轴晶粒。

习题 5-9　纯金属凝固时，要获得树枝状晶体，必须在负的温度梯度下；在正的温度梯度下，只能以平面方式长大。而固溶体实际凝固时，往往会产生成分过冷，当成分过冷区足够大时，固溶体就会以树枝状长大。

习题 5-10　绘制的二元相图见图 5-35。

习题 5-11　① 提示：β 相的固溶度线为垂线，说明在共晶温度以下 β 相的固溶度不随温度变化，β 中不会析出 α_{II}。合金 Ⅰ 的冷却曲线见图 5-36。

② 室温时组成相：α，β。 $W_\alpha=11.8\%$，$W_\beta=88.2\%$

室温时组织组成物：β，(α+β)。 $W_\beta=75\%$，$W_{(\alpha+\beta)}=25\%$

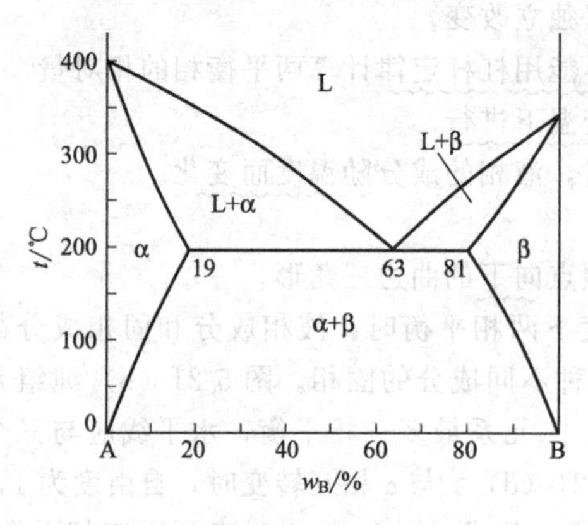

图 5-35 绘制的 A-B 二元相图

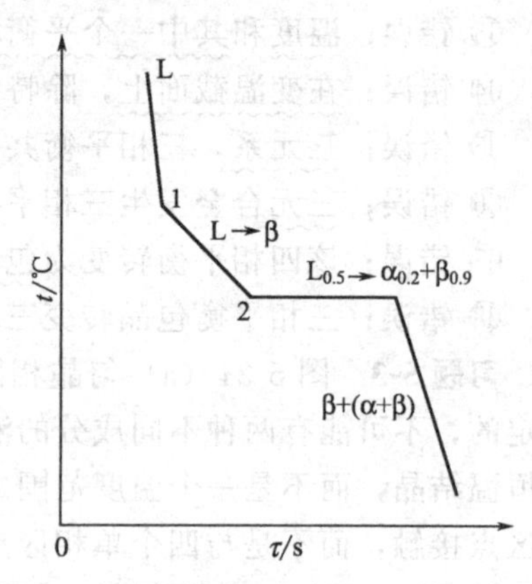

图 5-36 合金Ⅰ的冷却曲线

③ 初生β的量减少，且产生枝晶偏析。(α+β) 共晶体的量增多，组织变细。

④ 合金Ⅱ的平衡组织为 $\alpha+\beta_{\mathrm{II}}$，在快冷不平衡条件下凝固，会出现少量的离异共晶 (α+β)，β_{II} 的量减少，甚至不出现 β_{II}，α 中产生枝晶偏析。

习题 5-12 ①略。②合金Ⅰ的平衡组织是：D+(α+D)；因为合金Ⅰ的成分点靠近共晶点，所以在快冷不平衡凝固时可能会得到全部的伪共晶组织 (α+D)。合金Ⅱ的平衡组织是 $\alpha+D_{\mathrm{II}}$；合金Ⅱ的成分点靠近 α 的最大溶解度点 *m*，在快冷不平衡凝固时可能会出现少量的离异共晶 (α+D)，D_{II} 的量减少，甚至不出现 D_{II}，α 中产生枝晶偏析。

习题 5-13 ① 水平线上的反应

799℃	包晶转变	$L+\alpha\rightarrow\beta$
756℃	包晶转变	$L+\beta\rightarrow\gamma$
640℃	熔晶转变	$\gamma\rightarrow\varepsilon+L$
640℃	包析转变	$\gamma+\varepsilon\rightarrow\zeta$
590℃	包析转变	$\gamma+\zeta\rightarrow\delta$
586℃	共析转变	$\beta\rightarrow\alpha+\gamma$
582℃	共析转变	$\zeta\rightarrow\delta+\varepsilon$
520℃	共析转变	$\gamma\rightarrow\alpha+\delta$

② 922℃（提示：可把液相线和固相线近似地看作直线）

习题 5-14 合金的流动性、形成疏松的倾向、热裂倾向、枝晶偏析倾向主要取决于相图上液相线和固相线之间的距离。液相线和固相线之间的距离越大，合金的流动性越差，形成疏松的倾向、热裂倾向、枝晶偏析倾向越大。$w_{Zn}=30\%$ 的 Cu-Zn 合金液相线和固相线之间的距离较小，所以流动性好；$w_{Sn}=10\%$ 的 Cu-Sn 合金液相线和固相线之间的距离大，所以形成疏松的倾向、热裂倾向和枝晶偏析倾向大。

习题 5-15 ① 略。

② 485℃	共晶转变	$L_{0.307}\rightarrow\alpha_{0.0061}+Mg_2Cu$
552℃	共晶转变	$L_{0.66}\rightarrow Mg_2Cu+\gamma$
722℃	共晶转变	$L_{0.903}\rightarrow\gamma+\beta_{0.967}$

③ 略。

④ 合金的平衡组织为 $\gamma+(\gamma+Mg_2Cu)$，在快冷不平衡凝固时，由于合金的成分接近共晶成分，有可能得到全部的伪共晶组织 $(\gamma+Mg_2Cu)$。

习题 5-16　①略。②合金Ⅰ在平衡凝固时的组织为 $\alpha+\beta_{\text{Ⅱ}}$；不平衡凝固时，可能造成包晶转变不完全，包晶转变时本应消失的 β 相会有一部分被保留下来，α 相中存在枝晶偏析，$\beta_{\text{Ⅱ}}$ 的量减少，甚至不出现 $\beta_{\text{Ⅱ}}$。合金Ⅱ平衡凝固过程中不发生包晶转变，平衡组织为 $\beta+\alpha_{\text{Ⅱ}}$；不平衡凝固时，可能会发生包晶转变，形成不应出现的包晶转变产物 α 相，β 相中存在枝晶偏析，$\alpha_{\text{Ⅱ}}$ 的量减少，甚至不出现 $\alpha_{\text{Ⅱ}}$。

习题 5-17　①略。②略。③合金的平衡凝固过程：略；合金Ⅰ平衡凝固后得到的组织是：$\beta+\alpha_{\text{Ⅱ}}+(\alpha+\beta)$；合金Ⅱ平衡凝固后得到的组织是：$\alpha+\beta_{\text{Ⅱ}}+[\alpha+\beta_{\text{Ⅱ}}+(\alpha+\beta)]$。

习题 5-18　① 略。

② 合金 O 的平衡凝固过程和组织：

1～2　从熔体中析出 α；

2　发生包晶转变：$L_b+\alpha_d \rightarrow ZrSiO_4$，包晶转变完成后，有剩余的熔体，此时组织为 $L+ZrSiO_4$；

2～3　熔体中不断析出 $ZrSiO_4$，熔体的成分沿 be 变化；

3　熔体成分到达 e 点，发生共晶转变：$L_e \rightarrow ZrSiO_4+SiO_2$；

<3　不再变化，组织为 $ZrSiO_4+(ZrSiO_4+SiO_2)$。

③ 组织组成物的相对量：$W_{(ZrSiO_4+SiO_2)}=\dfrac{om}{em}\times 100\%$

$$W_{ZrSiO_4}=\frac{eo}{em}\times 100\%$$

组成相的相对量：$W_{SiO_2}=\dfrac{om}{nm}\times 100\%$　　$W_{ZrSiO_4}=\dfrac{no}{nm}\times 100\%$

习题 5-19　碳原子溶入铁，位于八面体间隙中。体心立方 α-Fe 的致密度虽然低于面心立方 γ-Fe，但因为它的间隙数量多，所以单个八面体间隙半径反而比面心立方的要小。若以同样大小的间隙原子填入，体心立方 α-Fe 将产生较大的点阵畸变。

习题 5-20　10.3%。

习题 5-21　20 钢内存在两相：α，γ；α 相的成分为 $w_C=0.013\%$，γ 相的成分为 $w_C=0.47\%$；两相的相对量：$W_\alpha=59\%$，$W_\gamma=41\%$。

习题 5-22　在铁碳合金中，含二次渗碳体量最多的合金是 E 点成分合金，$W_{Fe_3C_{\text{Ⅱ}}}=22.6\%$；含三次渗碳体量最多的合金是 P 点成分合金，$W_{Fe_3C_{\text{Ⅲ}}}=3.3\%$。

习题 5-23　①$w_C=0.38\%$；②$\alpha+\gamma$；③全部 γ 组织。

习题 5-24　A 试样为亚共析钢，$w_C=0.45\%$；B 试样为过共析钢，$w_C=1.2\%$。

习题 5-25　$W_{Fe_3C}=64.3\%$，$W_{共晶\ Fe_3C}=47.8\%$，$W_{Fe_3C_{\text{Ⅱ}}}=11.9\%$，$W_{共析\ Fe_3C}=4.6\%$。

习题 5-26　该合金的含碳量为：$w_C=1.2\%$；

组织组成物的相对量：$W_P=92.7\%$，$W_{Fe_3C_{\text{Ⅱ}}}=7.3\%$。

习题 5-27　① 铸锭三晶区形成机理。表层细晶区的形成：由于铸模壁的温度低，与模壁接触的薄层熔液会产生强烈的过冷，过冷度大，形核率高；同时模壁有促进非均匀形核的作用，所以形成大量的晶核，并迅速长大成为表层细小的等轴晶粒区。

柱状晶区的形成：表层细晶区形成时，模壁温度迅速升高，散热变慢，细晶区前沿液体中的过冷度减小，难以形核，凝固的继续就依靠细晶粒区中晶粒的生长；由于垂直于模壁方向散热最快和晶体生长速度的各向异性，在细晶区中那些取向有利的晶粒沿着垂直于模壁方向（即平行于散热最快的方向）迅速生长，并挤压相邻晶粒，使那些取向不利的晶粒的生长被抑制，这样就形成了柱状晶区。

中心等轴晶区形成的原因主要有：a. 当柱状晶区发展到一定程度时，中心部分的剩余液体将处于过冷（或成分过冷）状态，如果过冷度足够大，液体中便开始形核并长大；b. 熔液对流，枝晶被打碎，碎晶成为籽晶而长大；c. 枝晶局部重熔，熔断下来的小晶体成为籽晶而长大。晶核的形成与长大阻止了柱状晶区的进一步发展，形成了中心等轴晶粒区。

② 铸锭组织的控制。所谓铸锭组织的控制，主要是对柱状晶区和等轴晶区的分布范围和晶粒大小的控制。变更合金成分和浇铸条件可以改变各晶区分布范围的大小。对给定合金而言，有利于柱状晶区发展的因素有：较快的冷却速度，高的熔化温度和浇注温度，定向散热等；有利于等轴晶区发展的因素有：较慢的冷却速度，低的熔化温度和浇注温度，均匀散热等。为了获得细小的等轴晶粒，可采用变质处理、振动和搅拌等措施。

习题 5-28 略。

习题 5-29 二元匀晶相图上的液、固相线是液、固相的成分随温度变化线，它们之间存在两平衡相成分的对应关系，因此可用来确定平衡相的成分，用杠杆定律计算平衡相的相对量。

虽然三元匀晶相图变温截面和二元匀晶相图形状相似，都可以用来分析凝固过程，确定相变的大致温度，作为制定热加工工艺的依据；但是它们存在本质上的差别：除特殊情况外，变温截面上的液、固相线只是变温截面与液、固相面的交截线，而不是液、固相的成分随温度变化线，它们之间不存在两平衡相成分的对应关系，因此在变温截面上不能确定平衡相的成分，不能用杠杆定律计算平衡相的相对量。

习题 5-30 略。

习题 5-31 合金 K 的成分：$w_A=20\%$，$w_B=60\%$，$w_C=20\%$。

习题 5-32 新合金的成分：$w_A=40\%$，$w_B=22.5\%$，$w_C=37.5\%$。

习题 5-33 ① 略。

② 合金 O 的平衡凝固过程：略。凝固过程中液相成分的变化（图 5-38）：结晶开始后，由液相中不断结晶出 A，液相成分由 O 点沿 AO 的延长线变化。当温度降至三相平衡共晶转变起始面时，液相的成分到达 q 点，液相开始发生三相平衡共晶转变，随温度降低，三相平衡共晶转变继续，液相的成分沿 qE（曲线）变化。当温度降至四相平衡面时，液相的成分到达 E 点，液相发生四相平衡共晶转变，直至液相消失。

③ 合金 O 的室温组织是：A+(A+C)+(A+B+C)；组织示意图见图 5-37。

④ 计算组成相的相对量：略。

计算组织组成物的相对量（图 5-38）。

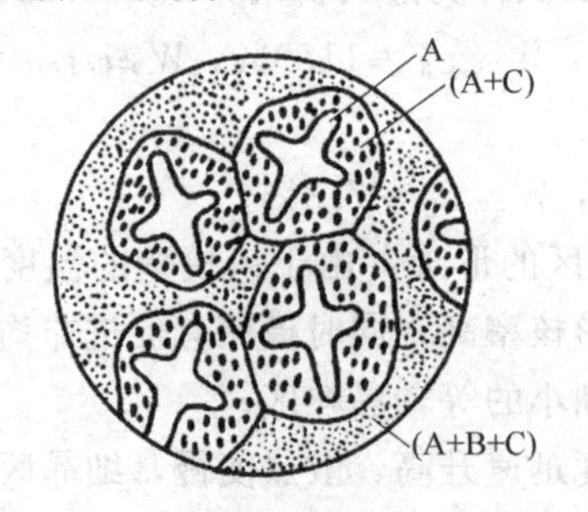

图 5-37 合金 O 室温组织示意图

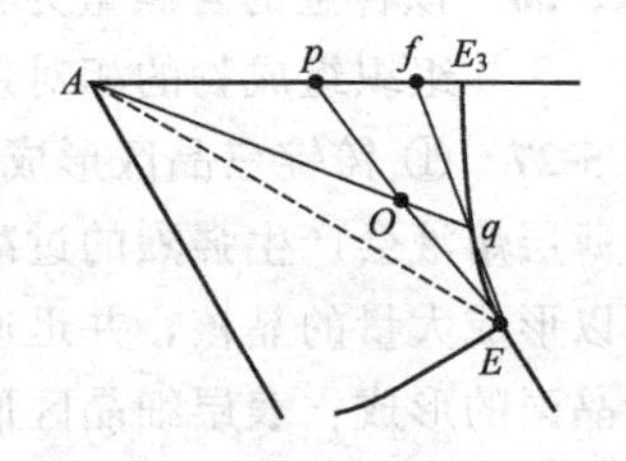

图 5-38 组织组成物相对量计算

方法一：

$$W_A = \frac{Oq}{Aq} \times 100\%$$

$$W_{(A+B+C)} = \frac{Op}{Ep} \times 100\%$$

$$W_{(A+C)} = 1 - \frac{Oq}{Aq} \times 100\% - \frac{Op}{Ep} \times 100\%$$

方法二：

$$W_A = \frac{Oq}{Aq} \times 100\%$$

$$W_{(A+B+C)} = \frac{qf}{Ef} \times \frac{AO}{Aq} \times 100\%$$

$$W_{(A+C)} = 1 - \frac{Oq}{Aq} \times 100\% - \frac{qf}{Ef} \times \frac{AO}{Aq} \times 100\%$$

习题 5-34　① $w_{Sn}=20\%$时的变温截面见图 5-39。

② 提示：在成分三角形中标定合金的成分点时，需作坐标轴的平行线而不是垂线；合金Ⅰ的成分点见图 5-31。合金Ⅰ的熔点约为 165℃，初生相为 Bi，室温组织为：Bi+(Bi+Cd)+(Bi+Cd+Sn)。

③ 合金Ⅱ的室温组织中没有（Bi+Cd），只有 Bi+(Bi+Cd+Sn)；合金Ⅲ的室温组织中没有初晶 Bi，只有(Bi+Cd)+(Bi+Cd+Sn)；合金 E_T 的室温组织中只有(Bi+Cd+Sn)。

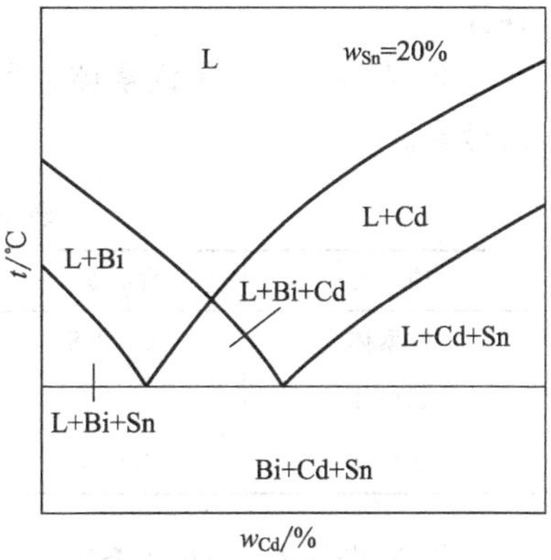

图 5-39　Bi-Cd-Sn 三元系变温截面

习题 5-35　Cr12 型模具钢的平衡凝固过程：

1～2　L→γ

2～3　$L \rightarrow \gamma + C_1$　　$\gamma + (\gamma + C_1)$

3～4　$\gamma \rightarrow C_{1II}$　　$\gamma + C_{1II} + (\gamma + C_{1II} + C_1)$

4～5　$\gamma \rightarrow \alpha + C_1$　　$(\alpha + C_1) + C_{1II} + [(\alpha + C_1) + C_{1II} + C_1]$

<5　$\alpha \rightarrow C_{1III}$　　量很少，忽略不计。

最终得到的组织是 $(\alpha + C_1) + C_{1II} + [(\alpha + C_1) + C_{1II} + C_1]$，即珠光体+二次碳化物+变态莱氏体。组织特点是：组织中出现莱氏体，属于莱氏体钢。

习题 5-36　① 四相平衡包晶转变：$L_p + \alpha_a + \beta_b \rightarrow \gamma_c$

② 四相平衡转变前的三相平衡：$L \rightarrow \alpha + \beta$

四相平衡转变后的三相平衡：$L+\alpha+\gamma$　　$L+\alpha \rightarrow \gamma$

$L+\beta+\gamma$　　$L+\beta \rightarrow \gamma$

$\alpha+\beta+\gamma$　　$\alpha \rightarrow \beta_{II} + \gamma_{II}$

$\beta \rightarrow \alpha_{II} + \gamma_{II}$

$\gamma \rightarrow \alpha_{II} + \beta_{II}$

习题 5-37　略。

5.7　课堂讨论（Fe-Fe_3C 相图部分）

Fe-Fe_3C 相图是本课程的教学重点之一。一方面，它是由多种基本相图复合组成的复杂二元相图的一个实例；另一方面，它是研究钢铁材料及其热处理的理论基础和重要工具。因此，对 $Fe-Fe_3C$ 相图进行讨论，不仅是对二元相图的复习和提高，而且也为后面学习钢的热处理、工业用钢和铸铁等教学内容打下良好的基础。

5.7.1　讨论目的

① 通过讨论进一步理解和巩固二元相图的基本内容，学会分析复杂二元相图的一般方法。

② 掌握 $Fe-Fe_3C$ 相图中各种基本相的本质、结构特点和性能特点。

③ 掌握各种典型合金的平衡凝固过程以及含碳量-平衡组织-性能三者之间的关系。

④ 弄清“组成相”和“组织组成物”两个基本概念的区别，灵活应用杠杆定律估算组成相或组织组成物的相对量。

5.7.2　讨论题

① 默画出 $Fe-Fe_3C$ 相图，标出相图中的组元和各点符号，用组织组成物填写相图中的各区。

② 表 5-1 列出了铁素体、奥氏体和渗碳体的含碳量、晶体结构和性能特点，改正表中的错误。

表 5-1　铁素体、奥氏体和渗碳体的比较

项　目	含碳量/%	晶 体 结 构	性 能 特 点
铁素体	0.0218	固溶体	强度、硬度低，塑性、韧性较好
奥氏体	0.77	固溶体	强度、硬度较低，塑性、韧性好
渗碳体	6.69	金属化合物	强度、硬度高，塑性、韧性差

③ 判断下列说法是否正确，并说明理由。

a. 912℃是铁素体和奥氏体的同素异晶转变温度。

b. 铁素体和奥氏体的根本区别在于溶碳量不同，前者多而后者少。

c. $Fe-Fe_3C$ 相图中 E 点成分的铁碳合金在平衡凝固过程中会发生共晶转变得到少量莱氏体。

d. 钢在平衡凝固过程中，只有共析转变而没有共晶转变；相反，白口铸铁只有共晶转变而没有共析转变。

e. $Fe-Fe_3C$ 相图中，工业纯铁的组织是全部 α-Fe。

f. 在铁碳合金中，只有过共析钢平衡组织中才有二次渗碳体存在。

g. 在钢中，随着含碳量的增加，组织中珠光体的量也在不断增加。

h. P、L_d、α 和 Fe_3C 都是铁碳合金中的基本相。

i. 一次渗碳体、二次渗碳体、三次渗碳体是同一种相，也是同一种组织组成物。

j. 共晶白口铸铁的显微组织中，白色基体为 Fe_3C，其中包括 $Fe_3C_{Ⅰ}$、$Fe_3C_{Ⅱ}$、$Fe_3C_{Ⅲ}$、共析 Fe_3C 和共晶 Fe_3C。

k. 珠光体和莱氏体的塑性、韧性都很差，但莱氏体的强度、硬度比珠光体高。

l. 白口铸铁加热到共析温度以上时，组织中的珠光体转变为奥氏体，所以也可以进行锻造。

m. 观察共析钢的显微组织时，发现不同的区域中珠光体的片层间距大小不一。片层间距小的区域渗碳体片多，含碳量偏高；片层间距大的区域渗碳体片少，含碳量偏低。

n. 退火态 T12 钢试样，不论用何种浸蚀剂浸蚀后，组织中的二次渗碳体都是呈白色网状，而珠光体呈黑白相间的层片状。

o. 亚共晶白口铸铁经硝酸酒精溶液浸蚀后，其中呈树枝状分布的组成物为珠光体，而莱氏体中的黑色粒状或块状物为奥氏体。

④ 说明 Fe-Fe_3C 相图中三条水平线上发生转变的类型，写出反应式，指出反应产物的名称、形态特征和性能特点，绘出显微组织示意图并标出组织组成物的名称。

⑤ 分析 $w_C=0.2\%$、$w_C=1.2\%$、$w_C=3.0\%$的铁碳合金由液态缓冷至室温的凝固过程(可用多种方法，例如语言叙述、用冷却曲线或显微组织示意图表示等)；并估算组成相和组织组成物的相对量。

⑥ 说明渗碳体形态（$Fe_3C_{Ⅰ}$、$Fe_3C_{Ⅱ}$、$Fe_3C_{Ⅲ}$、共析 Fe_3C 和共晶 Fe_3C）对铁碳合金力学性能的影响。

⑦ 说明钢的含碳量-平衡组织-力学性能之间的关系，并加以解释。

⑧ 比较低碳钢、中碳钢、高碳钢的力学性能特点。

⑨ 比较工业纯铁、钢和白口铸铁在成分、组织和力学性能方面的主要差别。

⑩ 根据 Fe-Fe_3C 相图，回答下列问题：a. J、S、C 点成分的铁碳合金缓冷至室温时将得到何种组织？画出其显微组织示意图，并标出组织组成物的名称；b. 上述三种合金中，哪种合金强度最高？哪种合金塑性最好？哪种合金铸造性能最好？哪种合金适于锻造？

⑪ 根据 Fe-Fe_3C 相图，解释下列现象：a. 锯 T10 钢比锯 10 钢费力；b. 钢铆钉一般用低碳钢制成；c. 绑扎物件一般用铁丝，而起重机吊重物却用高碳钢丝；d. 退火状态下，T12 钢的硬度比 T8 钢高，但强度反而比 T8 钢低；e. 1100℃时，$w_C=0.4\%$的钢可进行锻造，而 $w_C=4.0\%$的白口铸铁却难以锻造。

⑫ 同样形状和大小的两块铁碳合金，其中一块是低碳钢，一块是白口铸铁，试问用什么简便方法可迅速将它们区别开来？

⑬ 根据显微组织分析，某球墨铸铁中含有 12%的石墨和 88%的铁素体，试求该球墨铸铁的含碳量。(石墨的密度为 $2.2g/cm^3$，铁素体的密度为 $7.8g/cm^3$)

⑭ 比较 40 钢的铸态组织与平衡凝固后的组织有何不同？

⑮ 分析 $w_C=1.9\%$的铁碳合金在实际铸造条件下的凝固过程和组织与平衡条件下有何不同？

⑯ 分析碳钢在缓慢升温时的组织变化。

⑰ 简述铁碳相图的应用和局限性。如何根据相图来判断合金的铸造性能和冷热变形性能？

第6章　材料中的扩散

6.1　基本要求

① 正确理解扩散定律的物理意义及各参数的含义和量纲，能运用扩散定律解决较简单的扩散问题。

② 掌握固体中扩散的微观机制和热力学理论，能够根据相应的原子模型分析扩散问题。

③ 了解并掌握影响扩散的主要因素。

6.2　内容提要

6.2.1　扩散定律及其应用

6.2.1.1　扩散定律

固体中的扩散指构成固体的原子（或离子、分子）由于热运动而发生长程迁移的现象，扩散定律描述了物质扩散的宏观规律。

(1) 菲克第一定律　主要用于扩散物质的质量浓度不随时间变化的稳态过程，它表明单位时间内通过垂直于扩散方向上单位截面积的扩散物质量（扩散通量）与该截面处的浓度梯度成正比，且扩散方向与浓度梯度方向相反，即有：

$$J=-D\frac{\partial c}{\partial x} \tag{6-1}$$

(2) 菲克第二定律　菲克第二定律用于非稳态扩散过程，它描述的是扩散过程中某一点处浓度随时间的变化率与浓度分布曲线在该点的二阶导数成正比：

$$\frac{\partial c}{\partial t}=\frac{\partial}{\partial x}\left(D\frac{\partial c}{\partial x}\right) \tag{6-2}$$

当扩散系数与浓度无关时：

$$\frac{\partial c}{\partial t}=D\frac{\partial^2 c}{\partial x^2} \tag{6-3}$$

6.2.1.2　柯肯达尔（Kirkendall）效应

置换型扩散偶扩散时，由于两组元扩散系数不同而造成界面向低熔点组元一侧漂移的现象称为柯肯达尔效应。

对于静止参考系，i 组元的扩散通量可表示为：

$$J_i^*=-(\varphi_2 D_1+\varphi_1 D_2)\frac{\partial c_i}{\partial x}=\widetilde{D}\frac{\partial c_i}{\partial x},\ i=1,2 \tag{6-4}$$

6.2.1.3　扩散定律的应用

(1) 限定源扩散　扩散处理前在样品表面涂覆一层扩散物质，扩散开始后表面不再补充扩散源的过程称为限定源扩散。满足一维限定源扩散问题边界条件和初始条件的菲克第二定律特解为：

$$c=\frac{M}{\sqrt{\pi Dt}}\exp\left(-\frac{x^2}{4Dt}\right) \tag{6-5}$$

（2）恒定源扩散　扩散过程中，扩散物质在样品表面的浓度始终保持恒定值c_s的扩散称为恒定源扩散。满足一维恒定源扩散问题边界条件和初始条件的菲克第二定律特解为：

$$c(x,t)=c_0+(c_s-c_0)\left[1-\mathrm{erf}\left(\frac{x}{2\sqrt{Dt}}\right)\right] \tag{6-6}$$

误差函数

$$\mathrm{erf}(\beta)=\mathrm{erf}\left(\frac{x}{2\sqrt{Dt}}\right)$$

以低碳钢棒渗碳过程为例，设从渗碳表面到给定碳浓度c^*处的距离为渗碳层深度δ，则有：$\mathrm{erf}\left(\frac{\delta}{2\sqrt{Dt}}\right)=\frac{c_s-c^*}{c_s-c_0}=$常数，即$\delta=\alpha\sqrt{Dt}$。该式是制定渗碳工艺的理论依据。

6.2.2　扩散的微观机理

6.2.2.1　扩散机制

（1）间隙机制　原子通过晶格间隙之间的跃迁实现扩散，是间隙固溶体中间隙原子扩散的主要机制。

（2）空位机制　原子通过与近邻空位交换位置而实现原子迁移扩散，适用于置换固溶体中原子的扩散，是产生柯肯达尔效应的原因。

（3）其他机制　换位机制、环行机制、填隙机制等，所需能量均较高，不是主要机制。

6.2.2.2　原子热运动与晶体中的扩散

宏观扩散流是由大量原子迁移产生的，而只有那些自身能量足以克服能垒的原子才能发生迁移。统计热力学分析表明，晶体中间隙扩散的扩散系数可表示为：

$$D=D_0\exp\left(-\frac{\Delta H_m}{kT}\right) \tag{6-7}$$

置换扩散的扩散系数为：

$$D=D_0\exp\left(-\frac{\Delta H_f+\Delta H_m}{kT}\right) \tag{6-8}$$

6.2.2.3　晶态化合物中的扩散

晶态化合物中的扩散与复合点缺陷的特征有关，高温下扩散以热力学平衡缺陷为媒介，称为本征扩散；低温下扩散由非平衡缺陷控制，称为非本征扩散。

6.2.2.4　非晶态固体中的扩散

非晶态固体中原子排列没有晶体紧密，跃迁频率高。与同一物质的晶体相比，非晶态固体中原子具有更大的迁移率，扩散系数较高，扩散激活能较低。

6.2.2.5　界面扩散

晶界区域原子堆积密度较低，原子迁移率高，表面原子具有更大可动性，因此晶界扩散激活能小于体扩散激活能，表面扩散激活能小于晶界扩散激活能，且有$D_L<D_B<D_S$。

6.2.3　扩散的热力学理论

6.2.3.1　扩散驱动力

根据热力学理论，扩散的真正驱动力不是浓度梯度而是化学位梯度。多组元体系中i组

元原子在 x 方向上所受的化学驱动力为：$F=-\frac{\partial \mu_i}{\partial x}$。化学驱动力总是与化学位下降的方向一致，表示扩散总是朝化学位减小的方向进行。

6.2.3.2 **扩散系数**

非克定律的普遍形式： $J_i=-kTB_i\left(1+\frac{\partial \ln\gamma_i}{\partial c_i}\right)\frac{\partial c_i}{\partial x}$ (6-9)

扩散系数： $D_i=kTB_i\left(1+\frac{\partial \ln\gamma_i}{\partial c_i}\right)$ (6-10)

式中 $\left(1+\frac{\partial \ln\gamma_i}{\partial c_i}\right)$——扩散系数的热力学因子。

对于理想固溶体或稀固溶体： $D_i=D_{i自}=kTB_i$ (6-11)

6.2.3.3 **上坡扩散**

扩散沿着与浓度梯度相同的方向进行时称为上坡扩散。当扩散系数的热力学因子 $\left(1+\frac{\partial \ln\gamma_i}{\partial c_i}\right)$小于0（$D_i<0$）时发生上坡扩散。

6.2.4 反应扩散

通过扩散使固溶体内溶质组元超过固溶极限而不断形成新相的扩散过程称为反应扩散或相变扩散。反应扩散包括两个过程：一是扩散过程；二是当界面上扩散组元达到一定浓度时即发生相变的反应过程。

6.2.5 影响扩散的重要因素

6.2.5.1 **温度**

扩散系数与温度 T 的关系符合阿仑尼乌斯（Arrhenius）公式：

$$D=D_0\exp\left(-\frac{Q}{RT}\right) \tag{6-12}$$

6.2.5.2 **晶体类型与结构**

① 与金属相比，晶态化合物的扩散系数低，扩散激活能高。

② 非密堆结构晶体比密堆结构晶体具有更高的扩散系数。

③ 晶体中的扩散因不同晶向间隙位置排列不同而变化。

6.2.5.3 **晶体缺陷**

① 晶体中的位错可看成间隙溶质原子扩散的“管道”，加速扩散。

② 空位和位错都可促进置换扩散，但间隙溶质原子落入位错中心或空位中心会阻碍间隙扩散。

6.2.5.4 **化学成分**

① 扩散系数是组元浓度的函数。

② 若向组元 A 中加入组元 B 可使其熔点下降，则系统的互扩散系数会增加。

6.3 疑难解析

6.3.1 关于菲克第一定律应注意的几个问题

① 该定律描述扩散的宏观规律，不涉及扩散系统内部原子运动的微观过程。

② D 反映了扩散系统的特性，并不仅仅取决于某一组元的特性。

③ 该定律不仅适用于扩散系统的任何位置，而且适用于扩散过程的任一时刻。

④ 该定律既适用于稳态扩散，也适用于非稳态扩散，但实用中多用于稳态扩散的求解。

6.3.2　菲克第一、第二定律的关系

菲克第二定律表示在扩散过程中某点浓度随时间的变化率与浓度分布曲线在该点的二阶导数成正比。若曲线在该点的二阶导数$\frac{\partial^2 c}{\partial x^2}$大于 0，即曲线为凹形，则该点的浓度会随时间的增加而增加，即$\frac{\partial c}{\partial t}>0$；若曲线在该点的二阶导数$\frac{\partial^2 c}{\partial x^2}$小于 0，即曲线为凸形，则该点的浓度会随时间的增加而降低，即$\frac{\partial c}{\partial t}<0$。而菲克第一定律表示扩散方向与浓度降低方向一致。从这个意义上说，菲克第一、第二定律本质上是一个定律，均表明扩散的过程总是使不均匀体系均匀化，由非平衡逐渐达到平衡。

6.3.3　互扩散系数与本征扩散系数及其含义

① 互扩散系数 $\widetilde{D}$ 是相对于静止参考系的扩散系数，反映了整个系统的扩散特性；本征扩散系数 D_i 是组元 i 相对于点阵坐标系（原点位于标记面）的扩散系数，表征了组元 i 自身的扩散特性。

② 对于静止坐标系中的二元置换扩散体系，菲克定律中的扩散系数应采用互扩散系数 $\widetilde{D}$，因为此时扩散通量不仅仅是由浓度梯度引起的扩散通量，还包括由点阵整体运动引起的扩散通量。

③ 如果扩散过程中扩散偶标记面发生移动，则两组元本征扩散系数不同，$\widetilde{D}\neq D_i$。

6.3.4　恒定源扩散问题的进一步讨论

恒定源扩散条件下菲克第二定律的特解为：

$$c(x,t)=c_0+(c_s-c_0)\left[1-\operatorname{erf}\left(\frac{x}{2\sqrt{Dt}}\right)\right] \tag{6-13}$$

6.3.4.1　公式的应用

① 在某一特定时刻 t，若已知扩散系数 D，对不同位置的 x 可先计算 $\beta=x/(2\sqrt{Dt})$，查表得 $\operatorname{erf}(\beta)$，代入式(6-13) 即可求得 $c(x,t)$。

② 若已知 x、t 及 $c(x,t)$，则可计算出 $\operatorname{erf}(\beta)$，查表得 β，利用 $\beta=x/(2\sqrt{Dt})$ 求得不同浓度下的扩散系数。

6.3.4.2　$c(x,t)$ 曲线的特点

① 对任意有限时刻，工件表面（$x=0$）有 $\beta=0$，则 $\operatorname{erf}(\beta)=0$，表面 $c_{x=0}=c_s$，即工件表面浓度始终保持恒定。在距工件表面无穷远（$x=\infty$）处有 $c_\infty=c_0$，同样保持浓度不变。

② 对于任意特定 x 位置，当 $t\to\infty$ 时，$c_x=c_s$，即在有限的长度范围，随时间的延长，各点的浓度终将与表面浓度一致，实现均匀化。

6.3.4.3　平方根关系

① 对任一给定浓度的透入距离和时间的平方根$\sqrt{t}$成正比。

② 对任一点达到给定浓度所需要的时间和该点距表面的距离平方 x^2 成正比，和扩散系

数成反比。

③ 通过单位表面积进入介质的扩散物质量随时间的平方根$\sqrt{t}$而变。

6.4 学习方法指导

本章重点阐述了固体中物质扩散过程的规律及其应用，内容较为抽象，理论性强，概念、公式多。根据这一特点，在学习方法上应注意以下几点：

① 充分掌握相关公式建立的前提条件及推导过程，深入理解公式及各参数的物理意义，掌握各公式的应用范围及必需的条件，切忌死记硬背。

② 从宏观规律和微观机理两方面深入理解扩散过程的本质，掌握固体中原子（或分子）因热运动而迁移的规律及影响因素，建立宏观规律与微观机理之间的有机联系。

③ 学习时注意掌握以下主要内容：菲克第一、第二定律的物理意义和各参数的量纲，能运用扩散定律求解较简单的扩散问题；柯肯达尔效应产生的条件及原因，标记面漂移方向与扩散偶中两组元扩散系数大小的关系；扩散的真正驱动力，扩散方向的热力学因子判别条件；扩散的微观机制，重点是间隙机制和空位机制，间隙原子与置换原子扩散能力的差异及其原因；计算和求解扩散系数及扩散激活能的方法；影响扩散的主要因素；反应扩散的特点与规律。

6.5 例题

例题 6-1 一块厚度为 d 的薄板，在 T_1 温度下两侧的浓度分别为 c_1、c_0（$c_1>c_0$），当扩散达到平稳态后，给出扩散系数为常数、扩散系数随浓度增加而增加、扩散系数随浓度增加而减小三种情况下的浓度分布，并求出第一种情况下板中部的浓度。

解：对于平稳态，$\frac{\partial}{\partial x}\left(D\frac{\partial c}{\partial x}\right)=0$，即有 $D(\mathrm{d}c/\mathrm{d}x)=$常数

① D 为常数时，$\mathrm{d}c/\mathrm{d}x$ 亦为常数，故浓度分布是直线。板中部的浓度 $c=\frac{c_1-c_0}{2}$。

② D 随浓度增加而增加时，$\mathrm{d}c/\mathrm{d}x$ 随浓度增加而减小，浓度分布是上凸的曲线。

③ D 随浓度增加而减小时，$\mathrm{d}c/\mathrm{d}x$ 随浓度增加而增加，浓度分布是下凹的曲线。

例题 6-2 一个用来在气流中分隔氢的塑料薄膜，稳态时薄膜一侧氢的浓度为 $0.025\mathrm{mol/m^3}$，另一侧为 $0.0025\mathrm{mol/m^3}$。已知薄膜的厚度为 $100\mu\mathrm{m}$，穿过薄膜的氢流量是 $2.25\times10^{-6}\mathrm{mol/(m^3\cdot s)}$，设在该浓度范围氢的扩散系数 D 为常数，求氢的扩散系数。

解：这是稳态膜的问题，$J=-D(\mathrm{d}c/\mathrm{d}x)=$常数，且 D 为常数，故：$\frac{\mathrm{d}c}{\mathrm{d}x}=\frac{c_2-c_1}{\Delta x}$

则：

$$D=-\frac{J}{(\mathrm{d}c/\mathrm{d}x)}\approx-\frac{J}{(c_2-c_1)/\Delta x}$$

$$=\frac{2.25\times10^{-6}}{\frac{(0.025-0.0025)}{100\times10^{-6}}}=1\times10^{-8}\ (\mathrm{m^2/s})$$

例题 6-3 一块厚钢板，$w_\mathrm{C}=0.1\%$，在 930℃ 渗碳，表面碳浓度保持 $w_\mathrm{C}=1\%$，设扩散系数为常数，$D=0.738\exp\left[-158.98/RT\right]$。①求距表面 0.05cm 处碳浓度 w_C 升至 0.45%所需要的时间；②距表面 0.1cm 处获得同样浓度（0.45%）所需时间又是多少？

③导出扩散系数为常数时，在同一温度下渗入距离和时间关系的一般表达式。

解：先求出 930℃时的扩散系数：

$$D=0.738\exp\left(-\frac{158.98}{8.314\times1203}\right)=9.22\times10^{-8}(\mathrm{m^2/s})$$

按题意，浓度分布符合表达式 $c=c_s-(c_s-c_0)\mathrm{erf}\left(\frac{x}{2\sqrt{Dt}}\right)$给出的误差函数解。现在$c_s=1$，$c_0=0.1$，$c=0.45$，代入误差函数解，求得误差函数：

$$\mathrm{erf}\left(\frac{x}{2\sqrt{Dt}}\right)=\frac{c_s-c}{c_s-c_0}=\frac{1-0.45}{1-0.1}=0.611$$

查误差函数值表，得：　　$\beta=0.611=\frac{x}{2\sqrt{Dt}}$

① $x=0.05$cm 处浓度为 0.45%所需要的时间：

$$t=\frac{x^2}{4D\times0.611^2}=\frac{0.05^2}{4\times9.22\times10^{-8}\times0.611^2}=1.816\times10^4(\mathrm{s})=5.04(\mathrm{h})$$

② 因渗入浓度与①相同，故 $\mathrm{erf}(\beta)$相同，即 β 为常数。在同一温度下，两个不同距离 x_1 和 x_2 所对应的时间 t_1 和 t_2 有如下关系：

$$\frac{x_1}{\sqrt{Dt_1}}=\frac{x_2}{\sqrt{Dt_2}}，\text{即 } t_2=\left(\frac{x_2}{x_1}\right)^2t_1$$

距表面 0.1cm 处获得同样浓度（0.45%）所需的时间 t_2 为：

$$t_2=\left(\frac{0.1}{0.05}\right)^2\times1.816\times10^4=7.264\times10^4(\mathrm{s})=20.18\ (\mathrm{h})$$

③ 根据②的解释，同一温度下渗入距离和时间关系的一般表达式为：

$$x=k\sqrt{t}$$

式中，k 为与扩散系数有关的常数。

例题 6-4　假定合金铸件的枝晶偏析可近似用正弦函数曲线描述：

$$c=c_0+A_0\sin\frac{\pi x}{\lambda}$$

式中，c_0为浓度平均值；A_0为原始成分偏析振幅，$A_0=c_{max}-c_0$；λ 为半波长（枝晶间距之半）。以成分偏析振幅降至原来的 1%作为均匀化判据，试分析均匀化所需时间及主要影响因素。

解：均匀化退火时溶质原子由高浓度区域流向低浓度区域，正弦波的振幅逐渐减小，但波长不变，可得边界条件：

$$c(x=0,t)=c_0$$

$$\frac{\mathrm{d}c}{\mathrm{d}x}\left(x=\frac{\lambda}{2},t\right)=0$$

据此可求出菲克第二定律的解为：

$$c(x,t)=c_0+A_0\sin\left(\frac{\pi x}{\lambda}\right)\exp(-\pi^2Dt/\lambda^2)$$

对应于函数的最大值（$x=\frac{\lambda}{2}$的值）有 $\sin\left(\frac{\pi x}{\lambda}=1\right)$，因而

$$c\left(\frac{\lambda}{2},t\right)-c_0=A_0\exp(-\pi^2Dt/\lambda^2)$$

代入 $A_0=c_{max}-c_0$，根据成分偏析振幅降至原来的 1%的均匀化判据有：

$$\exp(-\pi^2 Dt/\lambda^2)=\left[c\left(\frac{\lambda}{2},t\right)-c_0\right]\Big/(c_{\max}-c_0)=\frac{1}{100}$$

即：

$$\exp(\pi^2 Dt/\lambda^2)=100$$

取对数可算出均匀化所需时间 t 为：$t=0.467\dfrac{\lambda^2}{D}$

结果表明，合金铸件均匀化退火所需时间取决于枝晶间距和扩散系数 D。因此若采取措施减小枝晶间距，可显著减少均匀化退火时间。同时，退火温度越高，扩散系数 D 越大，退火时间也就越短。

6.6 习题及参考答案

6.6.1 习题

习题 6-1 解释下列基本概念及术语

扩散、自扩散、互扩散、间隙扩散、空位扩散、上坡扩散、下坡扩散、稳态扩散、非稳态扩散、扩散系数、互扩散系数、扩散激活能、扩散通量、柯肯达尔效应、原子的热运动、原子迁移率、本征扩散、非本征扩散、体扩散、表面扩散、晶界扩散。

习题 6-2 指出以下概念中的错误：

① 如果固溶体中不存在宏观扩散流，则说明原子没有发生迁移。

② 物质的宏观扩散流总是从溶质浓度高的向浓度低的方向进行。

③ 无论是间隙扩散还是置换扩散，扩散定律公式中的 D 均为溶质原子的扩散系数。

④ 因为固体中单个原子每次跳动的方向是随机的，所以在任何情况下扩散通量总是为零。

⑤ 晶界上原子排列混乱，不存在空位，所以空位机制扩散的原子在晶界处无法扩散。

⑥ 温度越高，扩散激活能越小；扩散常数越大，扩散速率则越大。

⑦ 间隙固溶体中溶质浓度越高，则溶质所占的间隙越多，供扩散的空余间隙越少，即 z 值越小，导致扩散系数下降。

⑧ 体心立方比面心立方的配位数要小，故由 $D=\dfrac{1}{6}fzP\alpha^2$ 关系式可见，α-Fe 中原子扩散系数要小于 γ-Fe 中的扩散系数。

习题 6-3 有一硅单晶片，厚 0.5mm，其一面上每 10^7 个硅原子包含两个镓原子，另一个面经处理后含镓的浓度增高。试求在该面上每 10^7 个硅原子需包含几个镓原子，才能使浓度梯度为 2×10^{26} 原子/(m^3·m)？(硅的晶格常数为 0.5407nm)

习题 6-4 要想在 800℃下使通过 α-Fe 箔的氢气通气量为 2×10^{-8}mol/(m^2·s)，铁箔两侧氢浓度分别为 3×10^{-6}mol/m^3 和 8×10^{-8}mol/m^3，若 $D=2.2\times10^{-6}$m^2/s，试确定：①所需浓度梯度；②所需铁箔厚度。

习题 6-5 设有一条直径为 3cm 的厚壁管道，被厚度为 0.001cm 的铁膜隔开，通过输入氮气以保持在膜片一边氮气浓度为 1000mol/m^3；膜片另一边氮气浓度 100mol/m^3。若氮在铁中 700℃的扩散系数为 4×10^{-7}cm^2/s，试计算通过铁膜片的氮原子总数。

习题 6-6 Cu-Al 组成的互扩散偶发生扩散时，标志面会向哪个方向移动？

习题 6-7 设纯铬和纯铁组成扩散偶，扩散 1h 后，柯肯达尔标记平面移动了 1.52×10^{-3}cm。已知摩尔分数 $C_{\text{Cr}}=0.478$ 时，$\mathrm{d}C/\mathrm{d}x=126\text{cm}^{-1}$，互扩散系数为 1.43×10^{-9}cm^2/s，试求柯肯达尔面的移动速度和铬、铁的本征扩散系数 D_{Cr}、D_{Fe}。(实验测得柯肯达尔面移动

距离的平方与扩散时间之比为常数）

习题 6-8　为什么钢铁零件渗碳温度一般要选择在 γ 相区中进行？若不在 γ 相区进行会有什么结果？

习题 6-9　一块碳质量分数 $w_C=0.1\%$ 的碳钢在 930℃渗碳，在距表面 0.05cm 处碳含量达到 $w_C=0.45\%$。在 $t>0$ 的全部时间，渗碳气氛保持表面成分为 $w_C=1\%$，假设 $D_C^{\gamma}=2.0\times10^{-5}\exp(-140000/RT)$，求：

① 渗碳时间；

② 若将渗层加深一倍需要多长时间；

③ 若规定 $w_C=0.3\%$ 作为渗碳层厚度的度量，那么在 930℃渗碳 10h 的渗层厚度为 870℃渗碳 10h 的多少倍？

习题 6-10　碳在 γ-Fe 中扩散，$D_0=2.0\times10^{-1}\text{cm}^2/\text{s}$，$Q=140\times10^3\text{J/mol}$，求碳在 γ-Fe 中 927℃时的扩散系数，并计算为了得到与 927℃渗碳 10h 相同的结果，在 870℃渗碳需要多长时间？

习题 6-11　间隙扩散计算公式为 $D=\alpha^2P\Gamma$，α 为相邻平行晶面的距离，P 为给定方向的跳动概率，Γ 为原子跳动频率。求：

① 间隙原子在面心立方晶体和体心立方晶体的八面体间隙之间跳动的晶面间距与跳动频率；

② 扩散系数计算公式（用晶格常数表示）；

③ 固溶的碳原子在 925℃下，$\Gamma=1.7\times10^9\text{s}^{-1}$，20℃下，$\Gamma=2.1\times10^{-9}\text{s}^{-1}$，讨论温度对扩散系数的影响。

习题 6-12　γ-Fe 在 925℃渗碳 4h，碳原子跃迁频率为 $1.7\times10^9\text{s}^{-1}$，若考虑碳原子在 γ-Fe中的八面体间隙跃迁，跃迁的步长为 $2.53\times10^{-10}\text{m}$。

① 求碳原子总迁移路程 S；

② 求碳原子总迁移的均方根位移 $\sqrt{\overline{R_n^2}}$；

③ 若碳原子在 20℃时跃迁频率为 $\Gamma=2.1\times10^{-9}\text{s}^{-1}$，求碳原子的总迁移路程和均方根位移。

习题 6-13　钢铁渗氮温度一般选择在接近但略低于 Fe-N 系共析温度（590℃），为什么？

习题 6-14　碳在 α-Ti 中的扩散速率 D 在以下测量温度被确定：736℃时为 $2\times10^{-13}\text{m}^2/\text{s}$；782℃时为 $5\times10^{-13}\text{m}^2/\text{s}$；835℃时为 $1.3\times10^{-12}\text{m}^2/\text{s}$。

① 试确定公式 $D=D_0\exp(-Q/RT)$ 是否适用？若适用，则计算出扩散常数 D_0 和激活能 Q；

② 试求出 500℃下的扩散系数。

习题 6-15　对于体积扩散和晶界扩散，假定 $Q_{晶界}\approx\frac{1}{2}Q_{体积}$，试画出其 $\ln D$ 相对温度倒数 $\frac{1}{T}$ 的曲线，并指出约在哪个温度范围内，晶界扩散起主导作用。

习题 6-16　考虑由纯钨与含有质量分数 1%钍的钨合金间建立的扩散偶，在 2000℃下放置几分钟后生成一个 0.01cm 厚的过渡层。试问，在此期间，钍原子若按下列几种扩散方式进行扩散，其扩散能量各是多少？①体扩散；②晶界扩散；③表面扩散。（钨的晶格常数 $a=0.3165\text{nm}$，钍在钨中的互扩散参数见表 6-1）

表 6-1 钍在钨中互扩散时的扩散常数和扩散激活能

扩散方式	$D_0/(cm^2/s)$	$Q/(4.18J/mol)$
表面扩散	0.47	66400
晶界扩散	0.74	90000
体扩散	1.00	120000

习题 6-17 三元系发生扩散时，扩散层内能否出现两相共存区、三相共存区？为什么？

习题 6-18 已知 Al 在 Al_2O_3 中扩散常数 $D_0(Al)=2.8\times10^{-3}m^2/s$，激活能 477kJ/mol，而 O 在 Al_2O_3 中的 $D_0(O)=0.19m^2/s$，$Q=636kJ/mol$。

① 分别计算两者在 2000K 温度下的扩散系数 D；

② 说明它们扩散系数不同的原因。

6.6.2 参考答案

习题 6-1 略。

习题 6-2

① 固体中即使不存在宏观扩散流，但由于原子热振动的迁移跳跃，扩散仍然存在。纯物质中的自扩散即是一个典型例证。

② 上坡扩散时物质的宏观扩散流从溶质浓度低的向浓度高的方向进行。

③ 对于置换式扩散，扩散定律公式中的 D 应采用互扩散系数。

④ 虽然原子每次跳动方向是随机的，但只有当系统处于热平衡状态，原子在任一跳动方向上的跳动概率才是相等的。此时虽存在原子的迁移（即扩散），但没有宏观扩散流。如果系统处于非平衡状态，系统中必然存在热力学势的梯度（具体可表示为浓度梯度、化学位梯度、应变能梯度等）。原子在热力学势减少的方向上的跳动概率将大于在热力学势增大方向上的跳动概率，于是就出现了宏观扩散流。

⑤ 晶界上原子排列混乱，与非晶体相类似，其原子堆积密集程度远不及晶粒内部，因而对原子的约束能力较弱，晶界原子的能量及振动频率 ν 明显高于晶内原子，所以晶界处原子具有更高的迁移能力，晶界扩散系数也明显高于晶内扩散系数。

⑥ 影响扩散激活能的主要因素有扩散机制、晶体结构、原子结合力和化学成分，但与温度无明显关系；扩散常数一般在 $5\times10^{-6}\sim5\times10^{-4}m^2/s$ 范围变化，对扩散速率的影响不大，扩散激活能和温度与扩散系数成指数关系，是影响扩散速率的主要因素。

⑦ 事实上这种情况不可能出现。间隙固溶体中溶质原子固溶度十分有限，即使是达到过饱合状态，溶质原子数目也要比晶体中的间隙总数小几个数量级。因此，在间隙原子周围的间隙位置可看成都是空的，即对于给定晶体结构，z 为一个常数。

⑧ 虽然体心立方晶体的配位数小，但属于非密堆结构。与密堆结构的面心立方晶体相比，公式中的相关系数 f 值相差不大（0.72 和 0.78），但原子间距大，原子因约束力小而振动频率 ν 高，其作用远大于配位数的影响。而且原子迁移所要克服的阻力也小，具体表现为扩散激活能低，扩散常数较大，实际情况是在同一温度下 α-Fe 有更高的自扩散系数，而且溶质原子在 α-Fe 中的扩散系数要比在 γ-Fe 中高。

习题 6-3 该面上每 10^7 个硅原子需包含 22 个镓原子。

习题 6-4 ①$\Delta c/\Delta x=9.1\times10^{-3}mol/m^4$；②$\delta=3.3\times10^{-4}m$。

习题 6-5 氮原子总数 $N=2.54\times10^{-6}mol/s$。

习题 6-6 Al 的熔点低于 Cu，说明其键能较 Cu 低，Cu 原子在 Al 中的扩散系数要高于

Al 原子在 Cu 中的扩散系数，因此 Al-Cu 扩散偶在发生扩散时标志面会向 Cu 的一侧移动。

习题 6-7　移动速度为：$v_m=2.1\times10^{-7}$ cm/s；$D_{Cr}=2.23\times10^{-9}$ cm²/s，$D_{Fe}=0.56\times10^{-9}$ cm²/s。

习题 6-8　因 α-Fe 中的最大碳溶解度（质量分数）只有 0.0218%，对于含碳质量分数大于 0.0218%的钢铁在渗碳时零件中的碳浓度梯度为零，渗碳无法进行，即使是纯铁，在 α 相区渗碳时铁中浓度梯度很小，在表面也不能获得高含碳层；另外，由于温度低，扩散系数也很小，渗碳过程极慢，没有实际意义。γ-Fe 中的碳固溶度高，渗碳时在表层可获得较高的碳浓度梯度使渗碳顺利进行，而且 γ-Fe 区温度高，可加速扩散过程。

习题 6-9　①渗碳时间为 1.0×10^4 s；②需要时间为 4.0×10^4 s；③1.45 倍。

习题 6-10　$D_{927℃}=1.61\times10^{-7}$ cm²/s，需要 20.1h。

习题 6-11　①fcc：$\alpha=\frac{a}{\sqrt{2}}$，$P=\frac{1}{6}$；bcc：$\alpha=\frac{a}{2}$，$P=\frac{1}{6}$

② $D_{fcc}=\frac{a^2\Gamma}{12}$，$D_{bcc}=\frac{a^2\Gamma}{24}$

③ $D_{925℃}/D_{20℃}=8.1\times10^{17}$

习题 6-12　①$S=6193$m；②$\sqrt{R_n^2}\approx1.3$mm；

③ 20℃时，$S=7.65\times10^{-15}$ m，$\sqrt{R_n^2}=1.39\times10^{-12}$ m。

习题 6-13　原因是 α-Fe 中的扩散系数较 γ-Fe 中的扩散系数高。

习题 6-14　①$D_0=2.62\times10^{-4}$ m²/s，$Q=175.9$kJ/mol；②$D_{500℃}=3.30\times10^{-16}$ m²/s。

习题 6-15　约在熔点一半的较低温度下，由于原子在体内扩散较为困难，晶界扩散的作用突现出来，起主导作用。

习题 6-16　①$J_{体扩散}=1.82\times10^{11}$原子/(cm² · s)；②$J_{晶界扩散}=1.03\times10^{14}$原子/(cm² · s)；③$J_{表面扩散}=1.22\times10^{16}$原子/(cm² · s)。

习题 6-17　三元系扩散层内不可能存在三相共存区，但可以存在两相共存区。原因在于：三元系中若出现三相平衡共存，则三相成分一定且不同相中同一组分的化学位相等，化学位梯度为零，扩散不可能发生。三元系在两相共存时，由于自由度数为 2，在温度一定时，其组成相的成分可以发生变化，使两相中相同组元的原子化学位平衡受到破坏，引起扩散。

习题 6-18　①铝：$D_{Al}=9.7\times10^{-16}$ m²/s；氧：$D_O=4.7\times10^{-18}$ m²/s；②在 Al_2O_3 中，Al 的离子半径小于阴离子 O 的半径，故 Al 在 Al_2O_3 中的扩散激活能小于 O 在 Al_2O_3 中扩散激活能，所以前者的扩散系数大于后者。

第7章 材料的塑性变形

7.1 基本要求

① 掌握塑性变形主要方式滑移和孪生变形的机制和晶体学指数（如典型晶体的常见滑移系），掌握二者的主要相同点与不同点。理解施密特（Schmidt）定律，并能用于相关问题的分析。

② 能用位错理论解释晶体的滑移过程，滑移带和滑移线的形成，滑移系的特点。

③ 掌握多晶体变形的主要特点、晶界对变形的作用和晶粒增多对变形的影响。能运用变形理论解释晶粒大小对材料强度和塑性、韧性的影响。

④ 了解合金变形中溶质原子或弥散粒子对变形的作用，掌握有关的强化机制。理解屈服现象与应变时效现象，能够运用变形理论进行解释。

⑤ 熟悉材料塑性变形后材料内部组织和性能的变化，以及这些变化的实际意义；理解并掌握加工硬化、细晶强化、弥散强化、固溶强化等产生的机制和它的实际意义。

7.2 内容提要

7.2.1 单晶体的塑性变形

常温下塑性变形的主要方式：滑移和孪生。

7.2.1.1 滑移

在切应力作用下，晶体的一部分相对于另一部分沿着一定的晶面（滑移面）和晶向（滑移方向）产生相对位移，且不破坏晶体内部原子排列规律性的塑变方式。

一个滑移面和该面上一个滑移方向的组合称为滑移系，滑移系的个数等于：滑移面个数×每个面上所具有的滑移方向的个数。表7-1列出了典型滑移系。

表 7-1 典型滑移系

晶体结构	滑移面	滑移方向	滑移系数目	常见金属
面心立方	{111}×4	〈110〉×3	12	Cu,Al,Ni,Au
	{110}×6	×2	12	Fe,W,Mo
体心立方	{121}×12	〈111〉×1	12	Fe,W
	{123}×24	×1	24	Fe
	{0001}×1	×3	3	Mg,Zn,Ti
密排六方	{1010}		3	Mg,Zr,Ti
	{1011}	$\langle 11\bar{2}0\rangle$	6	Mg,Ti

滑移系数目与材料塑性的关系。一般滑移系越多，塑性越好；同时与滑移面密排程度和

滑移方向个数和同时开动滑移系数目有关。

在滑移面上沿滑移方面开始滑移的最小分切应力称为临界分切应力（τ_c）。

$$\tau_c=\sigma_s\cos\varphi\cos\lambda\begin{cases}\tau_c\ \text{取决于金属的本性,不受}\ \varphi,\lambda\ \text{的影响}\\ \sigma_s\ \text{的取值}\begin{cases}\varphi\ \text{或}\ \lambda=90^\circ\text{时},\sigma_s\rightarrow\infty\\ \varphi,\lambda=45^\circ\text{时},\sigma_s\ \text{最小,晶体易滑移}\end{cases}\\ \text{取向因子:}\cos\varphi\cos\lambda\begin{cases}\text{软取向:值大}\\ \text{硬取向:值小}\end{cases}\end{cases}$$

在多个（>2）滑移系上同时或交替进行的滑移称为多滑移。各滑移系的滑移面和滑移方向与力轴夹角分别相等的一组滑移系称为等效滑移系。晶体在两个或多个不同滑移面上沿同一滑移方向进行的滑移称为交滑移。

7.2.1.2 孪生

（1）孪生　在切应力作用下，晶体的一部分相对于另一部分沿一定的晶面（孪晶面）和晶向（孪生方向）发生均匀切变并形成晶体取向的镜面对称关系。

（2）孪生变形的特点　如表7-2所示。

表7-2 滑移变形与孪生变形的比较

项目		滑移	孪生
相同点		①均匀切变;②沿一定的晶面、晶向进行;不改变结构	
不同点	晶体位向	不改变(对抛光面观察无重现性)	改变,形成镜面对称关系(对抛光面观察有重现性)
	位移量	滑移方向上原子间距的整数倍,较大	小于孪生方向上的原子间距,较小
	对塑变的贡献	很大,总变形量大	有限,总变形量小
	变形应力	有一定的临界分切压力	所需临界分切应力远高于滑移
	变形条件	一般先发生滑移	滑移困难时发生
	变形机制	全位错运动的结果	分位错运动的结果

7.2.2 多晶体的塑性变形

7.2.2.1 晶粒之间变形的传播

位错在晶界塞积导致应力集中，使相邻晶粒位错源开动，驱动相邻晶粒变形。

7.2.2.2 晶粒之间变形的协调性

（1）原因　各晶粒之间变形具有非同时性。

（2）要求　各晶粒之间变形相互协调（独立变形会导致晶体分裂）。

（3）条件　独立滑移系≥5个（保证晶粒形状的自由变化）。

7.2.2.3 晶界对变形的阻碍作用

（1）晶界的特点　原子排列不规则；分布有大量缺陷。

（2）晶界对变形的影响　滑移、孪生多终止于晶界，极少穿过。

（3）晶粒大小与性能的关系

① 晶粒越细，强度越高（细晶强化由下列霍尔-配奇公式可知）。

$$\sigma_s=\sigma_0+kd^{-\frac{1}{2}}$$

原因：晶粒越细，晶界越多，位错运动的阻力越大（有尺寸限制）。

② 晶粒越细，塑性、韧性提高
- 晶粒越多，变形均匀性提高，由应力集中导致的开裂机会减少，可承受更大的变形量，表现出高塑性
- 细晶粒材料中，应力集中小，裂纹不易萌生；晶界多，裂纹不易传播，在断裂过程中可吸收较多能量，表现出高韧性

7.2.3 合金的塑性变形

7.2.3.1 固溶体的塑性变形

(1) 固溶强化 固溶体材料随溶质含量提高，其强度、硬度提高而塑性、韧性下降的现象。涉及的主要机制是柯氏气团强化和晶格畸变阻碍位错运动。

(2) 屈服和应变时效

现象：上下屈服点、屈服延伸（吕德斯带扩展）。

预变形和时效的影响：去载后立即加载不出现屈服现象；去载后放置一段时间或200℃加热后再加载出现屈服。

原因：柯氏气团的存在、破坏和重新形成。

7.2.3.2 多相合金的塑性变形

可将多相合金的结构简化为基体＋第二相。若两相性能接近，可按强度分数相加计算。若两相性能差别较大，可认为是软基体＋硬第二相，具体形式有第二相网状分布于晶界，如二次渗碳体；两相呈层片状分布，如珠光体；第二相呈颗粒状分布，如三次渗碳体。其强化机制主要是弥散强化和沉淀强化。

7.2.4 塑性变形对材料组织和性能的影响

7.2.4.1 对组织结构的影响

变形后晶粒被拉长，形成纤维组织。多晶体材料由塑性变形导致的各晶粒呈择优取向的形变织构。同时，随变形量增加，发生位错缠结，形成位错胞。

7.2.4.2 对性能的影响

(1) 加工硬化（形变强化、冷作强化） 随变形量的增加，材料的强度、硬度升高而塑性、韧性下降的现象。

利弊
- 利
  - 强化金属的重要途径
  - 提高材料使用安全性
  - 材料加工成型的保证
- 弊
  - 变形阻力提高，动力消耗增大
  - 脆断危险性提高

(2) 对物理、化学性能的影响 电导率、磁导率下降，密度、热导率下降；结构缺陷增多，扩散加快；化学活性提高，腐蚀加快。

7.2.4.3 残余应力

(1) 分类
- 第一类残余应力（σ_{I}）：宏观内应力，由整个物体变形不均匀引起
- 第二类残余应力（σ_{II}）：微观内应力，由晶粒变形不均匀引起
- 第三类残余应力（σ_{III}）：点阵畸变，由位错、空位等引起，80%～90%

(2) 利弊
- 利：预应力处理，如汽车板簧的生产
- 弊：引起变形、开裂，如黄铜弹壳的腐蚀开裂

（3）消除　去应力退火。

7.3 疑难解析

7.3.1 根据表达式 $\tau_c=\sigma_s\cos\lambda\cos\phi$ 是否可以认为晶体滑移的临界分切应力受其屈服强度及夹角 ϕ 和 γ 的影响

临界分切应力主要取决于晶体的本性，与外力无关。当条件一定时，不同晶体的临界分切应力各有其定值。其数值与晶体类型、纯度、变形速度、温度以及加工和处理状态等因素有关。因此，此表达式反映了晶体的屈服强度受外力方向的影响。如外力方向改变将出现软取向和硬取向，在性能上表现出几何软化或几何硬化。

7.3.2 能否说晶体的滑移系越多，其塑性就越好

一般来说，滑移系的多少在一定程度上决定了晶体塑性的好坏，如面心立方和体心立方晶体的塑性好于密排六方晶体。但塑性的好坏并不是只取决于滑移系的多少，还与滑移面原子的密排程度和滑移方向的数目有关。如体心立方 Fe 虽然滑移系总数较多，但滑移方向比面心立方少，滑移面的密排程度也较低，因此它的塑性比面心立方晶体差。此外，晶体的塑性还与能同时开动的滑移系的个数有关。

7.3.3 用金相方法可以观察到滑移痕迹（滑移带）的重现性，而孪生痕迹则没有重现性的原因

将金属样品抛光后变形，发生滑移和孪生后均可以观察到表面变形痕迹。经再抛光后，滑移痕迹消失，而孪生痕迹依然存在，即滑移变形不具重现性，而孪生变形具有重现性。其原因在于滑移变形没有破坏晶体内部原子排列的规律性，而孪生变形改变了原子排列的位向。

7.3.4 根据本章内容，试讨论以下材料主要的强化机制

（1）α 黄铜　固溶强化，即在锌原子周围产生晶格畸变，造成的应力场阻碍位错运动。

（2）硬铝　沉淀强化，即细小的沉淀颗粒 $CuAl_2$ 以及半共格的析出相 θ' 造成的应力场，阻碍位错运动。

（3）低碳和中碳马氏体钢　结构强化及沉淀强化。因为马氏体内位错密度极高，形成位错缠结，这种位错缠结加上马氏体片的边界结构，就使滑移位错很难通过，因而造成结构强化；另外，即使在室温下，过饱和的碳原子也会扩散到位错线上将位错钉扎；或者扩散到特定的晶面｛100｝上形成碳原子集团，造成强化。对低碳马氏体，主要是结构强化；对中碳马氏体，主要是碳原子聚集引起强化。

（4）低温回火马氏体钢　沉淀强化。马氏体在低温回火时，会析出共格沉淀相，即 ε 碳化物，造成沉淀强化。

（5）不锈钢　因为镍降低｛111｝面的层错能，所以使扩展位错很宽，难于“束集”，也就不容易交滑移和攀移。

7.3.5 试写出加工硬化、细晶强化、弥散强化、固溶强化等方法的强化效果的定量关系式

① 加工硬化主要决定于位错平均密度 ρ 的增加，因为：

$$\tau=\tau_0+aGb\rho^{\frac{1}{2}}$$

式中，τ_0 为无加工硬化时所需的切应力；a 为与材料有关的常数，约为 0.3～0.5；G 为

切变模量；b为柏氏矢量。

② 细晶强化主要决定于晶粒细化。晶粒越细，强度越高，其关系式为：

$$\sigma_s=\sigma_0+kd^{-\frac{1}{2}}$$

式中，σ_0和k为与材料有关的常数；d为晶粒直径。

③ 弥散强化主要决定于分散的第二相硬质点对位错运动的阻碍和位错增殖。当弥散的第二相总量一定时，强化效果决定于第二相的分散度，即：

$$\tau=\frac{Gb}{\lambda}$$

式中，G为切变模量；b为柏氏矢量；λ为质点间距。可见，第二相质点的强化作用与质点间距成反比，质点间距越小，即质点越分散，强化作用越大。

④ 固溶强化主要决定于溶质原子造成的点阵畸变引起临界分切应力增加$\left(\frac{d\tau}{dC}>0\right)$以及溶质原子与位错的交互作用，其关系式如下：

$$\tau=\frac{d\tau}{dC}C \text{ 或 } \sigma_s=A\frac{C}{a_0^2 b}$$

式中，C为溶质原子百分数；a_0为溶剂的点阵常数；b为柏氏矢量；A为常数。

7.4 学习方法指导

7.4.1 善于用图示法分析相关问题

利用图示法将抽象的指数、概念、机制等形象地表示出来，易于理解和掌握。本章内容的滑移系中晶面和晶向的关系，单滑移、多滑移、交滑移等产生的晶体表面痕迹、弥散强化机制、变形量与强度的关系等更为适于用图示法进行分析。

7.4.2 利用本章内容中相互矛盾的两个方面理解相关知识点

本章内容一方面介绍了晶体塑性变形的机制，而另一个核心内容是材料强化的机制。一方面是晶体滑移的实现，另一方面材料的强化则是强调阻碍位错滑移的因素，如溶质原子对位错的阻碍作用构成固溶强化，第二相粒子对位错的阻碍作用则构成弥散强化等。

7.4.3 注意本章内容与其他章节内容之间的联系

本章除了晶体滑移的理论，还涉及位错运动、晶界、相结构等重要知识点，要注重晶体滑移与其之间的联系。如其中晶界结构及其能量状态、单相合金固溶体的结构、多相合金的组织形式等。

7.4.4 内容体系的建立遵循从特殊到普遍、从理论到应用的思路

本章材料变形理论的演变是从单晶体变形到多晶体、单相合金和多相合金，从位错运动的晶体滑移到多晶体、固溶体和多相合金的强化。注意到这个思路，可参考图 7-1。

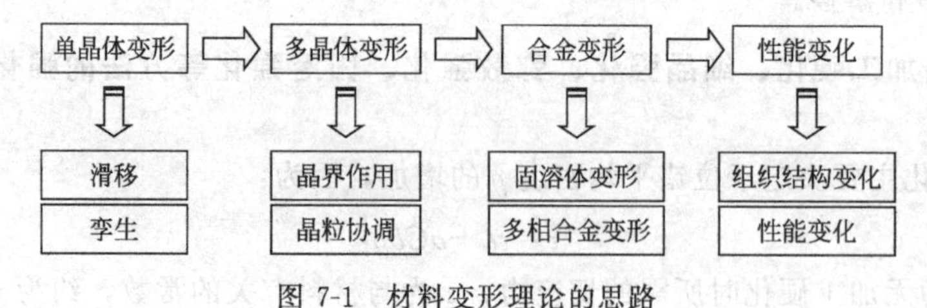

图 7-1 材料变形理论的思路

7.5 例题

例题 7-1　设一 70MPa 应力作用在 fcc 晶体的 [001] 方向上，求该应力在 (111) $[10\bar{1}]$ 和 (111) $[\bar{1}10]$ 滑移系上的分切应力。

解：通过矢量运算法则计算有关几何参数，利用临界分切应力的表达式即可计算特定滑移系的分切应力。矢量数性积：

$$\boldsymbol{a}\cdot\boldsymbol{b}=|\boldsymbol{a}|\cdot|\boldsymbol{b}|\cos\theta\Rightarrow\cos\theta=\frac{\boldsymbol{a}\cdot\boldsymbol{b}}{|\boldsymbol{a}|\times|\boldsymbol{b}|}$$

$$=\frac{a_1b_1+a_2b_2+a_3b_3}{\sqrt{a_1^2+a_2^2+a_3^2}\times\sqrt{b_1^2+b_2^2+b_3^2}}$$

(111) $[10\bar{1}]$ 滑移系：

$$\cos\lambda=\frac{-1}{1\times\sqrt{2}}=\frac{-1}{\sqrt{2}}\text{（负号不影响切应力大小，故取正号）}$$

$$\cos\phi=\frac{1}{1\times\sqrt{3}}=\frac{1}{\sqrt{3}}$$

$$\tau=\sigma\cos\lambda\cos\phi=\frac{70}{\sqrt{2}\times\sqrt{3}}=28.577\ \text{(MPa)}$$

(111) $[\bar{1}10]$ 滑移系：

$$\cos\lambda=\frac{0}{1\times\sqrt{2}}=0，\cos\phi=\frac{1}{1\times\sqrt{3}}=\frac{1}{\sqrt{3}}$$

$$\tau=\sigma\cos\lambda\cos\phi=\frac{70\times0}{\sqrt{3}}=0$$

例题 7-2　已知纯铜的 {111} $[\bar{1}10]$ 滑移系的临界分切应力 τ_c 为 1MPa，问：

① 要使 $(\bar{1}11)$ 面上产生 [101] 方向的滑移，则在 [001] 方向上应施加多大的应力？

② 要使 $(\bar{1}11)$ 面上产生 [110] 方向的滑移又如何？

解：解题原理与例题 7-1 类似，根据临界分切应力表达式转换运算关系后即可解出。

① 对立方晶系，两晶面 $(h_1k_1l_1)$ 和 $(h_2k_2l_2)$ 间的夹角为：

$$\cos\phi=\frac{h_1h_2+k_1k_2+l_1l_2}{\sqrt{h_1^2+k_1^2+l_1^2}\times\sqrt{h_2^2+k_2^2+l_2^2}}$$

故滑移面 $(\bar{1}11)$ 的法线方向 $[\bar{1}11]$ 和拉力轴 [001] 的夹角为：

$$\cos\phi=\frac{1\times0+1\times0+1\times1}{\sqrt{1^2+1^2+1^2}\times\sqrt{0^2+0^2+1^2}}=\frac{1}{\sqrt{3}}=0.577$$

滑移方向 [101] 和拉力轴 [001] 的夹角为：

$$\cos\phi=\frac{1\times0+0\times0+1\times1}{\sqrt{1^2+0^2+1^2}\times\sqrt{0^2+0^2+1^2}}=\frac{1}{\sqrt{2}}=0.707$$

施加应力：

$$\sigma=\frac{\tau_c}{\cos\phi\cos\lambda}=\frac{1}{0.577\times0.707}=2.45\text{MPa}$$

② 由于滑移方向 [110] 和 [001] 方向点积为零，故知两晶向垂直，$\cos\lambda=0$，$\sigma=\infty$。即施加应力方向为 [001] 时，在 [110] 方向不会产生滑移。

例题 7-3 若单晶铜的表面恰好为 {100} 晶面，假设晶体可以在各个滑移系上进行滑移。试讨论在晶体表面可能见到的滑移线的方位和它们之间的夹角？若单晶表面为 {111} 晶面，情况又怎样？

解： 利用图示法，画出晶面及其组成的滑移系。滑移线是滑移面与晶体表面的交线。此题中还需注意某晶面族中包含不同位向的晶面。

铜晶体为面心立方结构，其滑移系为 {111}〈110〉。若铜单晶的表面为 {100} 晶面，则塑性变形时，晶体表面出现的滑移线应是 {111} 和 {100} 的交线〈110〉。即在晶体表面见到的滑移线是相互平行的或互成 90°夹角（图略）。

当铜单晶的外表面为 {111} 晶面时，表面出现的滑移线为〈110〉，它们相互平行或成 60°夹角（图略）。

例题 7-4 某面心立方晶体的可动滑移系为 $(11\bar{1})[\bar{1}10]$。试回答下列问题：

① 指出引起滑移的单位位错的柏氏矢量；

② 如果滑移是由纯刃型位错引起的，试指出位错线的方向；

③ 如果滑移是由纯螺型位错引起的，试指出位错线的方向；

④ 指出在上述②、③两种情况下滑移时位错线的滑移方向；

⑤ 假定在该滑移系上作用一大小为 0.7MPa 的切应力，试计算单位刃型位错和单位螺型位错线受力的大小和方向（取点阵常数 $a=0.2\text{nm}$）。

解： 确定滑移系单位位错的柏氏矢量可先画出该滑移面及滑移方向，单位位错在滑移方向上最近原子间距上确定。柏氏矢量确定后，根据其与位错线的关系可确定刃型或螺型位错线的方向。

① 引起滑移的单位位错的柏氏矢量 $\boldsymbol{b}=\dfrac{\boldsymbol{a}}{2}[\bar{1}10]$，即沿滑移方向上相邻两个原子间的连线所表示的矢量。

② 位错线位于滑移面 $(11\bar{1})$ 上，设位错线的方向为 $[uvw]$，则有 $u+v-w=0$；位错线与 $\boldsymbol{b}$ 垂直，即与 $[\bar{1}10]$ 垂直，则有 $-u+v=0$。由以上两式得 $u:v:w=1:1:2$，所以位错线的方向为 [112]。

③ 位错线位于滑移面上，且平行于 $\boldsymbol{b}$，所以位错线的方向为 $[1\bar{1}0]$。

④ 在②时，位错线运动方向平行于 $\boldsymbol{b}$；在③时，位错线的运动方向垂直于 $\boldsymbol{b}$。

⑤ 在外加切应力 τ 作用下，位错线单位长度上所受的力的大小为 $F=\tau b$，方向与位错线垂直。

而

$$b=\sqrt{\left(\frac{a}{2}\right)^2+\left(\frac{a}{2}\right)^2}=\frac{\sqrt{2}}{2}a$$

所以

$$F=\tau b=0.7\times\frac{\sqrt{2}}{2}a=0.7\times\frac{\sqrt{2}\times0.2\times10^{-9}}{2}=9.899\times10^{-11}\text{MN}\cdot\text{m}$$

$F_{刃}$ 的方向垂直于位错线；$F_{螺}$ 的方向也垂直于位错线。

例题 7-5 试用多晶体塑变理论解释室温下金属的晶粒越细，其强度越高，塑性也越好的现象。

解： 室温变形的时候，由于晶界强度高于晶内，所以晶粒越细，单位体积所包含的晶界越多，其强化效果也就越好。由 Hall-Petch 公式可知，$\sigma_s=\sigma_0+kd^{-\frac{1}{2}}$，晶粒直径的 d 越小，

σ_s就越高，这就是细晶强化。多晶体的每个晶粒都处在其他晶粒的包围中，变形不是孤立的，要求临近晶粒互相配合，协调已经发生塑变的晶粒的形状的改变。塑变一开始就必须是多系滑移。晶粒越细小，变形协调性越好，塑性也就越好。此外，晶粒越细小，位错塞积所引起的应力集中越不严重，可以减缓裂纹的萌生，曲折的晶界不利于裂纹扩展，有利于提高强度与塑性。

7.6　习题及参考答案

7.6.1　习题

习题 7-1　解释下列概念及术语

滑移、滑移线、滑移带、滑移系、滑移面、滑移方向、临界分切应力、取向因子、多滑移、交滑移、双交滑移；

孪生、孪晶、孪晶面、孪生方向；

屈服现象、吕德斯带、应变时效、柯氏气团；

固溶强化、细晶强化、弥散强化、第二相强化；

纤维组织、胞状结构、加工硬化、择优取向、变形织构、内应力。

习题 7-2　给出位错运动的点阵运动的点阵阻力与晶体结构的关系式。说明为什么晶体滑移通常发生在原子最密排的晶面和晶向。

习题 7-3　有一 bcc 晶体的 $(1\bar{1}0)$ [111] 滑移系的临界分切应力为 60MPa，试问在 [001] 和 [010] 方向必须施加多少的应力才会产生滑移？

习题 7-4　对于面心立方晶体来说，一般要有 5 个独立的滑移系才能进行滑移。这种结论是否正确？请说明此结论的适用条件和原因。

习题 7-5　试比较晶体滑移和孪生变形的异同点？

习题 7-6　用金相分析如何区分“滑移带”、“机械孪晶”、“退火孪晶”？

习题 7-7　低碳钢拉伸时的屈服和应变时效现象的位错机制是什么？

7.6.2　参考答案

习题 7-1　略。

习题 7-2　$\tau \approx \dfrac{2G}{1-r}\exp[-2\pi a/(1-r)b] \approx \exp(-2\pi w/b)$

式中，w 为位错宽度 $[w=a/(1-r)]$；a 为滑移面的晶面间距；b 为滑移方向上的原子间距；r 为泊松比。

由上式可见，a 值越大，τ_p 越小，故滑移面应该是晶面间距最大，即原子最密排的晶面。b 值越小，则 τ_p 越小，故滑移方向应该是原子最密排的晶向。从另一方面，原子密度最大的晶面其间距最大，点阵阻力最小，沿着这些晶面容易发生滑移；而在原子密度最大的方向上由于原子间距最短，位错柏氏矢量最小。

习题 7-3　矢量数性积：

[001] 方向

$$\sigma = \frac{\tau_c}{\cos\lambda\cos\phi} = \frac{60}{\dfrac{1}{\sqrt{3}} \times 0} = \infty$$

故在此方向上无论施加多大应力都不能产生滑移。

[010] 方向

$$\sigma=\frac{\tau_c}{\cos\lambda\cos\phi}=\frac{60}{\frac{1}{\sqrt{3}}\times\frac{1}{\sqrt{2}}}=146.97\ (\text{MPa})$$

习题 7-4 这个结论是正确的。因为一般表示一个形变需要 9 个应变分量，即：

$$\varepsilon_{ij}=\begin{vmatrix}\varepsilon_{xx} & \varepsilon_{xy} & \varepsilon_{xz}\\ \varepsilon_{yy} & \varepsilon_{yx} & \varepsilon_{yz}\\ \varepsilon_{zz} & \varepsilon_{zx} & \varepsilon_{zy}\end{vmatrix}$$

但 $\varepsilon_{xy}=\varepsilon_{yx}$，$\varepsilon_{yz}=\varepsilon_{zy}$，$\varepsilon_{zx}=\varepsilon_{xz}$，所以只有 6 个分量了。

由于要求变形是均匀的、连续的，因此形变前后体积不变，即：

$$\Delta V=\varepsilon_{xx}+\varepsilon_{yy}+\varepsilon_{zz}=0$$

有了这个约束，就只有 5 个独立应变分量。应用这个结论时，要注意晶体的体积大小。体积不能太小，一定要大于滑移带间距，这样，才可认为塑性变形是均匀的；但体积也不能太大，一定要在线性塑性变形范围才行，如不能超过一个晶粒的范围等。

由上可见，对于面心立方晶体来说，一般要有 5 个独立的滑移系才能进行滑移。

习题 7-5 晶体滑移和孪生变形的异同点如表 7-2 所示。

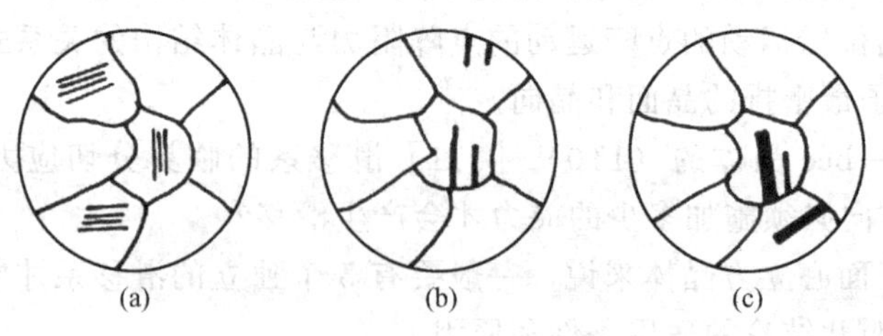

图 7-2 滑移带及孪晶的显微特征

习题 7-6 滑移带一般不穿越晶界。如果没有多滑移时，以平行直线和波纹线出现，如图 7-2(a) 所示，它可以通过抛光去除。

机械孪晶也在晶粒内，因为它在滑移难以进行时发生，而当孪生使晶体转动后，又可使晶体滑移。所以一般孪晶区域不大，如图 7-2(b) 所示。孪晶与基体位向不同，不能通过抛光去除。

退火孪晶以大条块形态分布于晶内，孪晶界面平直，一般在金相磨面上分布比较均匀，如图 7-2(c) 所示，且不能通过抛光去除。

习题 7-7 屈服和应变时效现象的机制是柯氏气团对位错阻碍作用的消失和重新形成。

第 8 章　回复与再结晶

8.1　基本要求

① 掌握冷变形金属在加热时的组织与性能变化规律。

② 熟悉冷变形金属在不同温度的回复机制与应用，了解回复动力学规律。

③ 熟悉主要的再结晶形核、长大机制及其适用条件，掌握影响再结晶的主要因素和控制再结晶晶粒大小的方法。

④ 熟悉再结晶后晶粒的正常长大与异常长大规律，能够利用相关理论控制最终晶粒大小。

⑤ 掌握材料热加工的本质，熟悉热加工对材料组织与性能的影响，了解超塑性的条件及超塑性变形后的组织特征。

8.2　内容提要

8.2.1　冷变形金属在加热时的组织与性能变化

8.2.1.1　回复与再结晶

(1) 回复　冷变形金属在低温加热时，其显微组织无可见变化，但其物理、力学性能却部分恢复到冷变形以前的过程。

(2) 再结晶　冷变形金属被加热到适当温度时，在变形组织内部新的无畸变的等轴晶粒逐渐取代变形晶粒，而使形变强化效应完全消除的过程。

8.2.1.2　显微组织变化

回复阶段：显微组织仍为纤维状，无可见变化。再结晶阶段：变形晶粒通过形核长大，逐渐转变为新的无畸变的等轴晶粒。晶粒长大阶段：晶界移动、晶粒粗化，达到相对稳定的形状和尺寸。

8.2.1.3　性能变化

(1) 力学性能　回复阶段：强度、硬度略有下降，塑性略有提高。再结晶阶段：强度、硬度明显下降，塑性明显提高。晶粒长大阶段：强度、硬度继续下降，塑性继续提高，粗化严重时下降。

(2) 物理性能　密度：在回复阶段变化不大，在再结晶阶段急剧升高。电阻：电阻在回复阶段可明显下降。

8.2.1.4　储存能变化

(1) 储存能　存在于冷变形金属内部的一小部分（约为 10%）变形功。

(2) 存在形式 { 弹性应变能（3%～12%）；位错（80%～90%）；点缺陷 } 是回复与再结晶的驱动力

8.2.1.5 内应力变化

回复阶段：大部分或全部消除第一类内应力，部分消除第二、三类内应力；再结晶阶段：内应力可完全消除。

8.2.2 回复

8.2.2.1 回复动力学

加工硬化残留率与退火温度和时间的关系：

$$\ln(x_0/x)=c_0 t\exp(-Q/RT)$$

动力学特点是：①没有孕育期；②开始变化快，随后变慢；③长时间处理后，性能趋于一平衡值。

8.2.2.2 回复机理

(1) 低温回复（$0.1\sim0.2T_m$） 点缺陷运动
- 移至晶界、位错处 } 消失
- 空位＋间隙原子 } 消失
- 空位聚集（空位群、对）

} 缺陷密度降低

(2) 中温回复（$0.2\sim0.3T_m$） 位错滑移
- 异号位错相遇而抵消
- 位错缠结重新排列
- 亚晶粒长大

} 位错密度降低

(3) 高温回复（$0.3\sim0.5T_m$） 位错攀移（＋滑移）→位错垂直排列（亚晶界）→多边化（亚晶粒）→弹性畸变能降低。

8.2.2.3 回复退火的应用

去应力退火：降低应力（保持加工硬化效果），防止工件变形、开裂，提高耐蚀性。

8.2.3 再结晶

(1) 形核
- 亚晶长大形核机制
  - 亚晶合并形核
  - 亚晶界移动形核（吞并其他亚晶或变形部分）
- （变形量较大时）
- 晶界凸出形核（晶界弓出形核，凸向亚晶粒小的方向）
- （变形量较小时）

(2) 长大
- 驱动力：畸变能差
- 方式：晶核向畸变晶粒扩展，直至新晶粒相互接触。

注：再结晶不是相变过程。

8.2.3.1 再结晶动力学

(1) 再结晶速度与温度的关系 $v_{再}=A\exp(-Q_R/RT)$。

(2) 规律 开始时再结晶速度很小，在体积分数为 0.5 时最大，然后减慢。

8.2.3.2 再结晶温度

(1) 再结晶温度 经严重冷变形（变形量＞70%）的金属或合金，在 1h 内能够完成再结晶（再结晶体积分数＞95%）的最低温度。

(2) 经验公式
- 高纯金属：$T_{再}=(0.25\sim0.35)T_m$
- 工业纯金属：$T_{再}=(0.35\sim0.45)T_m$
- 合金：$T_{再}=(0.4\sim0.9)T_m$

注：再结晶退火温度一般比上述温度高 100～200℃。

(3) 影响因素
- 变形量越大，驱动力越大，再结晶温度越低
- 纯度越高，再结晶温度越低
- 加热速度太低或太高，再结晶温度提高

8.2.3.3　影响再结晶的因素

(1) 退火温度　温度越高，再结晶速度越大。

(2) 变形量　变形量越大，再结晶温度越低；随变形量增大，再结晶温度趋于稳定；变形量低于一定值，再结晶不能进行。

(3) 原始晶粒尺寸　晶粒越小，驱动力越大；晶界越多，越有利于形核。

(4) 微量溶质元素　阻碍位错和晶界的运动，不利于再结晶。

(5) 第二分散相　间距和直径都较大时，提高畸变能，并可作为形核核心，促进再结晶；直径和间距很小时，提高畸变能，但阻碍晶界迁移，阻碍再结晶。

8.2.3.4　再结晶晶粒大小的控制

再结晶晶粒的平均直径

$$d=k\left(\frac{G}{N}\right)^{\frac{1}{4}}$$

(1) 变形量　存在临界变形量，生产中应避免临界变形量。

(2) 原始晶粒尺寸　晶粒越小，驱动力越大，形核位置越多，使晶粒细化。

(3) 合金元素和杂质　增加储存能，阻碍晶界移动，有利于晶粒细化。

(4) 温度　变形温度越高，回复程度越大，储存能减小，晶粒粗化；退火温度越高，临界变形度越小，晶粒粗大。

8.2.3.5　再结晶的应用

恢复变形能力，改善显微组织，消除各向异性，提高组织稳定性。

8.2.4　晶粒长大

驱动力：界面能差。

长大方式：正常长大和异常长大（二次再结晶）。

8.2.4.1　晶粒的正常长大

再结晶后的晶粒均匀连续的长大称为正常长大。长大的驱动力为界面能差。界面能越大，曲率半径越小，驱动力越大。

影响晶粒长大的因素有温度、分散相粒子、杂质与合金元素及晶粒的位向差。

8.2.4.2　晶粒的异常长大

(1) 异常长大　少数再结晶晶粒的急剧长大现象。

(2) 机制
- 钉扎晶界的第二相溶于基体
- 再结晶织构中位向一致晶粒的合并
- 大晶粒吞并小晶粒

(3) 对组织和性能的影响
- 织构明显
  - 各向异性
  - 优化磁导率
- 晶粒大小不均→性能不均
- 晶粒粗大
  - 降低强度和塑性、韧性
  - 提高表面粗糙度

8.2.5 金属的热变形

8.2.5.1 动态回复与动态再结晶

在塑变过程中发生的回复，称为动态回复；在塑变过程中发生的再结晶称为动态再结晶。其特点是包含亚晶粒，位错密度较高；反复形核，有限长大，晶粒较细。采用低的变形终止温度、大的最终变形量、快的冷却速度可获得细小晶粒。

8.2.5.2 金属的热加工

在再结晶温度以下的加工过程称为冷加工，发生加工硬化。在再结晶温度以上的加工过程称为热加工，发生硬化、回复、再结晶过程。热加工温度：$T_{再}<T_{热加工}<T_{固}-(100\sim200)$℃。热加工可改善铸锭组织。气泡焊合、破碎碳化物、细化晶粒、降低偏析。提高强度、塑性、韧性；形成纤维组织（流线），枝晶、偏析、夹杂物沿变形方向呈纤维状分布，导致性能的各向异性，沿流线方向塑性和韧性提高明显；形成带状组织，两相合金变形或带状偏析被拉长，在性能上也出现各向异性，可通过避免在两相区变形、减少夹杂元素含量、采用高温扩散退火或正火等方法消除。

相对于冷加工而言，热加工可持续大变形量加工，动力消耗小，提高材料质量和性能。

8.3 疑难解析

8.3.1 再结晶是一个形核-长大过程，能否说它也是相变过程

再结晶虽然经历了液-固相变和固态相变共有的形核和长大过程，但没有发生晶格类型的变化，因此再结晶不是相变过程。其新形成的核心是无畸变的晶核，与变形组织相比其晶体结构、成分均没有变化。

8.3.2 再结晶晶核的长大与再结晶后的晶粒长大有何异同

这两个过程都是无畸变晶粒的长大，但有两个方面不同。一是驱动力不同，在结晶晶核的长大是无畸变晶粒吞并畸变晶粒，其驱动力是畸变能差；再结晶后的晶粒长大是无畸变的大晶粒吞并小晶粒，其驱动力是晶界能差。二是长大方向不同，前者的长大方向是背离界面的曲率中心，而后者的长大方向是指向晶界的曲率中心。

8.3.3 热加工与冷加工的本质区别

热加工与冷加工是生产中的常用术语，虽然含有“热”与“冷”字，但热加工与冷加工并不是按温度来分类的。其本质区别在于内部是否发生了再结晶。如金属钨，即使在1100℃进行变形加工，但其内部只发生加工硬化，仍属于冷加工。而对于锡等低熔点金属，由于其在室温下即可发生再结晶，因而属于热加工。

8.4 学习方法指导

8.4.1 在理解冷变形金属在加热时的组织与性质变化（图 8-1）的基础上建立本章内容体系，从组织变化与性质变化的联系上掌握现象的本质

8.4.2 以“驱动力”为线索，理解重要概念及其区别

冷变形金属在受热时发生的回复、再结晶、晶粒长大均需要驱动力，如回复与再结晶的驱动力是畸变能差，晶粒长大的驱动力是晶界能差。同时，根据工件是否具有驱动力判断其

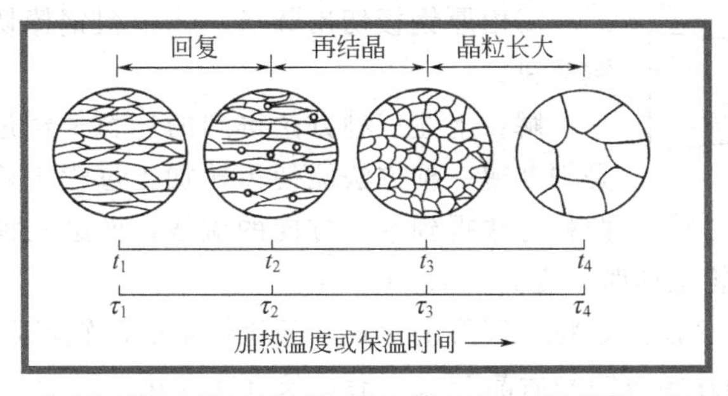

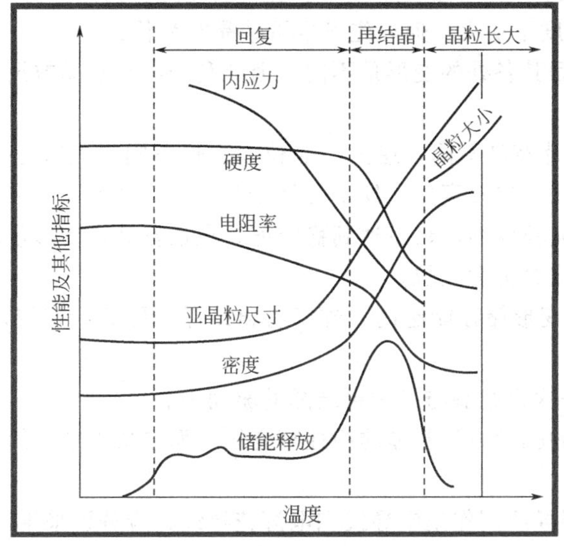

图 8-1　冷变形金属在加热时的组织与性质变化示意图

是否可以通过再结晶的方式改善性能等。

8.5　例题

例题 8-1　金属铸件能否通过再结晶退火细化晶粒?

解: 材料发生再结晶的前提是有无再结晶的驱动力——储存能。再结晶退火适用于经冷塑性变形加工的材料，因为材料经冷塑变后才具有再结晶的驱动力。目的是改善冷变形后材料的组织和性能。若对铸件采用再结晶退火，因为没有再结晶形核的驱动力，不发生再结晶，也就不能细化晶粒。

例题 8-2　钨板在 1100℃加工变形和锡板在室温加工变形时，它们的组织和性能会有怎样的变化?

解: 区分冷、热加工从本质是看在加工过程中材料内部是仅发生了加工硬化还是再结晶。钨的再结晶温度为 1200℃，故在 1100℃加工变形时，仍属于冷变形。其组织的主要变化是随变形量的增大，原来的等轴晶粒沿变形方向逐渐压扁、拉长，最后变成纤维组织。其性能变化主要是产生“加工硬化”和“各向异性”。

锡的再结晶温度小于 15℃，因此，室温时的加工变形属于热变形。在发生变形的同时，产生了动态回复和动态再结晶，因此，其组织和性能与变形前相比差别不大。

例题 8-3　在获得加工齿轮的圆饼状坯料时，以下三种方法哪一种较为理想，为什么?

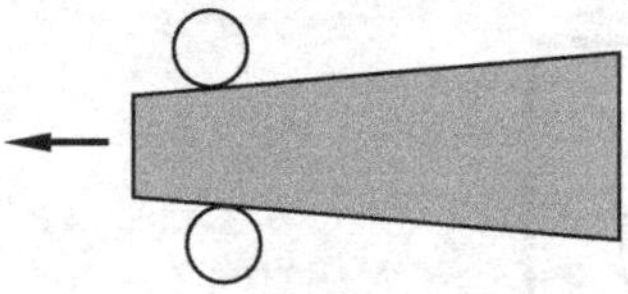

①由厚钢板切出圆饼；②由粗钢棒切下圆饼；③由钢棒热镦成饼。

解：上述三种方法得到的坯料都经过了热加工过程，关键是判断哪一种方法能使齿轮加工过程中获得合适的流线。由前两种方法得到单一方向的流线，而第三种方法得到的流线呈放射状，有利于抵抗齿轮工作时所受的外力。

图 8-2

例题 8-4 如图 8-2 所示，将一锲形铜片置于间距恒定的两轧辊间轧制。

① 分析轧制后铜片经再结晶后晶粒大小沿片长方向变化。

② 如果在较低温度下退火，何处先发生再结晶？为什么？

解：铜片经变形后其各处的变形量不同，因此利用再结晶晶粒尺寸与变形量关系图分析此问题。

① 图略。由于铜片宽度不同，退火后晶粒大小也不同。最窄的一端基本无变形，退火后仍保持原始晶粒尺寸；在较宽处，处于临界变形范围，再结晶后晶粒粗大；随宽度增大，变形度增大，退火后晶粒变细，最后达到稳定值。在最宽处，变形量很大，在局部地区形成变形织构，退火后形成异常大晶粒。

② 变形越大，冷变形储存能越高，越容易再结晶。因此，在较低温度退火，在较宽处先发生再结晶。

例题 8-5 简述一次再结晶与二次再结晶的驱动力。

解：一次再结晶的驱动力是基体的弹性畸变能，而二次再结晶的驱动力是来自界面能的降低。

例题 8-6 冷拉铜导线用作架空导线和电灯花导线，应分别采用何种最终热处理工艺？

解：根据铜导线应用场合对性能的要求和冷变形金属受热不同阶段性能的变化来判断。架空导线需要较高的强度，采用去应力退火（低温退火）；后者需要良好的加工性能和高温稳定性，采用再结晶退火（高温退火）。

8.6 习题及参考答案

8.6.1 习题

习题 8-1 解释下列概念及术语

回复、多边化、低温回复、中温回复、高温回复、静态回复、动态回复；

再结晶、临界变形量、二次再结晶、再结晶温度、再结晶退火、静态再结晶、动态再结晶；

晶粒长大、正常长大、异常长大；

冷加工、热加工、带状组织、流线。

习题 8-2 综合画出冷变形金属在加热时的组织、性能、内应力、晶粒尺寸变化示意图。

习题 8-3 某工厂用一冷拉钢丝绳将一大型刚件吊入热处理炉内，由于一时疏忽，未将钢丝绳取出，而是随同工件一起加热至 860℃，保温时间到了，打开炉门，要吊出工件时，钢丝绳发生断裂，试分析原因。

习题 8-4 W 具有很高的熔点（T_m＝3410℃），常被选为白炽灯泡的发热体。但当灯丝存在横跨灯丝的大晶粒时就会变得很脆，并在频繁开关的热冲击下产生破断。试介绍一种能延长灯丝寿命的方法。

习题 8-5 一块纯锡板，被子弹击穿，试分析在弹孔周围的组织变化，并绘出示意图。

习题 8-6 经冷变形后再结晶退火的金属，是否晶粒一定可得到细化?

习题 8-7 动态再结晶与静态再结晶后的组织结构的主要区别是什么?

8.6.2 参考答案

习题 8-1 略。

习题 8-2 参考图 8-1。

习题 8-3 冷拉钢丝绳系经大变形量的冷拔钢丝绞合而成。加工过程的冷加工硬化使钢丝的强度、硬度大大提高，从而能承载很大的工件。但是当将其加热至 860℃时，其温度已远超过钢丝绳的再结晶温度，以致产生回复再结晶现象，加工硬化效果完全消失，强度、硬度大大降低。再把它用来起重时，一旦负载超过其承载能力，必然导致钢丝绳断裂事故。

习题 8-4 影响再结晶晶粒正常长大的因素，除了温度外，弥散分布的第二相粒子的存在对晶界迁移也起着重要作用。例如，可在钨丝中形成弥散分布的 ThO_2 第二相质点，以阻碍灯丝在高温工作过程中的晶粒长大。若 ThO_2 质点的体积分数为 φ，质点半径为 r 时，则晶粒的极限尺寸为：

$$D_{\lim}=\frac{4r}{3\varphi(1+\cos\alpha)}$$

式中，α 为接触角。因此，选择合适的 φ 和 r，可使 $D_{\lim}$ 尽可能小，而且晶粒细化可提高其强度，同时保持较高水平的韧性，从而有效地延长灯丝的使用寿命。

习题 8-5 锡的再结晶温度很低（低于 15℃），当子弹打入锡板后，在变形的同时，发生了回复和再结晶。

形变规律为孔周围变形量大，离孔较远的地方变形量逐渐减小，直到最后消失。

再结晶后晶粒长大规律如图 8-3 所示。当形变量很小时，晶粒细小；当形变量增大到某一临界值时，晶粒急剧粗化；继续增大变形量时，晶粒又变细。

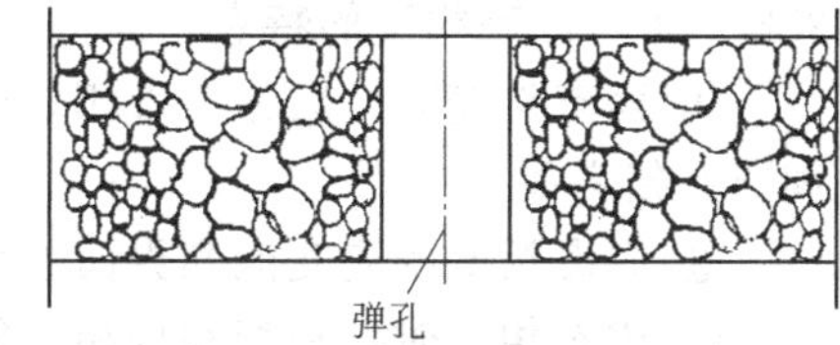

图 8-3

习题 8-6 不一定。如果在临界变形度下变形的金属，再结晶退火后，晶粒反而粗化。

习题 8-7 动态再结晶后的组织结构虽然也是等轴晶粒，但晶界呈锯齿状，晶粒内还包含着被位错缠结所分割的亚晶粒，这与静态再结晶后所产生的位错密度很低的晶粒不同，故同样晶粒大小的动态再结晶组织的强度和硬度要比静态再结晶的高。动态再结晶后的晶粒大小与流变应力成正比。此外，应变速率越低，形变温度越高，则动态再结晶后的晶粒越大，而且越完整。

第9章　固态相变与材料热处理

9.1　基本要求

① 熟悉固态相变的特点及分类，掌握固态相变形核的能量条件，了解扩散型相变的形核率、长大速度以及新相形成的体积速度和综合动力学曲线。

② 熟悉过饱和固溶体的时效（铝-铜合金的时效序列、结构变化、性能变化等），掌握调幅分解的概念、特点及与脱溶沉淀的区别。

③ 熟练掌握钢热处理强化的基本原理，即钢加热和冷却过程中的五大转变（奥氏体形成、珠光体转变、贝氏体转变、马氏体转变和回火转变）和两条曲线（TTT曲线和CCT曲线）。

④ 熟练掌握钢的普通热处理工艺（退火、正火、淬火、回火）的工艺特点、适用钢种和最终组织，掌握钢的表面热处理（表面淬火、化学热处理）强化表面的原理以及感应加热表面淬火和渗碳处理的目的、适用钢种、工艺路线和最终组织等。

9.2　内容提要

9.2.1　固态相变的特点及分类

9.2.1.1　固态相变的特点

① 固态相变时，新相与母相之间形成不同类型的相界面，分为共格界面、半共格界面和非共格界面。

② 固态相变的应变能和界面能均是相变的阻力，相变阻力大。

③ 固态相变时，新相和母相之间往往存在一定的晶体学关系，常以原子密度大而彼此匹配较好的低指数晶面互相平行，例如：$\{111\}_\gamma//\{110\}_\alpha$、$\langle110\rangle_\gamma//\langle111\rangle_\alpha$。

④ 新相往往沿母相的一定晶面形成，这个晶面称为惯析面。例如：亚共析钢中，$\{111\}_\gamma$是先共析铁素体的惯析面。

⑤ 晶体缺陷对固态相变有促进作用。

⑥ 在很多情况下，原子扩散对固态相变有控制作用。

⑦ 固态相变根据具体条件分阶段进行，即相变阶段规则，如铝合金的时效转变。

9.2.1.2　固态相变的分类

① 根据相变前后热力学函数的变化可分为：一级相变和二级相变。

② 根据相变过程中原子运动的情况可分为：扩散型相变和非扩散型相变。

9.2.2　相变热力学

9.2.2.1　形核的条件（均匀形核：发生于无缺陷地区的形核）

与液-固相变相比，固态相变形核增加了一项应变能，系统总的自由能变化为：

$$\Delta G=-V\Delta G_V+S\sigma+V\Delta E_S \tag{9-1}$$

式中，ΔG_V和ΔE_S分别为形成单位体积的新相时所引起的化学自由能及应变能的变化；σ为新相和母相界面的单位面积界面能；V为新相的体积；S为表面积。

若新相晶核为球形，则临界晶核半径为：$r^*=\dfrac{2\sigma}{\Delta G_V-\Delta E_S}$　(9-2)

临界形核功为：$\Delta G^*=\dfrac{16\pi\sigma^3}{3(\Delta G_V-\Delta E_S)^2}$　(9-3)

随化学自由能增加，界面能减小，应变能减小，临界晶核半径减小，临界形核功减小，形核容易。

9.2.2.2　**化学自由能**（体积自由能-相变驱动力）

① 随过冷度的增加，相变驱动力增加。

② 随化学成分而改变。

9.2.2.3　**界面能**

① 界面能主要取决于相界面的结构，共格界面＜半共格界面＜非共格界面。

② 当过冷度大时，相变驱动力大，临界晶核尺寸小，新相的界面能相对值大，易生成界面能低的共格或半共格亚稳相。界面能影响界面及相的稳定性。

9.2.2.4　**应变能**

固态相变的应变能包含共格应变能和比体积应变能两部分。

（1）共格应变能　对于共格界面，共格应变能随错配度的增大而增大；半共格界面的共格应变能较小；非共格界面的共格界面能为零。

（2）比体积应变能　除与新旧相的比体积差和弹性模量有关外，还与新相的几何形状有关，新相呈球状时，比体积应变能最大，呈片状时应变能最小，呈针状时应变能居中。

9.2.2.5　**非均匀形核**

新相往往容易在母相的晶体缺陷处不均匀生核，使缺陷消失或破坏而降低系统的能量，系统自由能总的变化：

$$\Delta G=-V\Delta G_V+S\sigma+V\Delta E_S-\Delta G_B \tag{9-4}$$

式中，ΔG_B表示在晶体缺陷处形核系统自由能降低的部分。

（1）晶界形核　晶界具有较高的能量，可以降低形核功；晶界结构疏松，弹性应变易被松弛；晶界易于扩散；晶界上溶质偏析，易满足成分起伏。

（2）位错形核　新相在位错处形核，若位错消失，可释放出能量，降低形成功；若不消失，可降低形成相界面所需的能量，减少阻力；柯氏气团、铃木气团，提供了成分起伏的条件；有时层错处可作为形核的位置；位错处易于扩散，对扩散型相变有利。

（3）空位形核　空位促进原子扩散；空位具有能量，生核，空位消失，相当于增加了相变驱动力；空位处溶质原子富集，有利于形核。

9.2.3　相变动力学

9.2.3.1　**约翰逊·梅尔**（Johnson Mehl）**方程**

设形核率和长大速率不随时间而变，则等温转变的动力学为：

$$\varphi(t)=1-\exp\left(\frac{-KIu^3t^4}{4}\right) \tag{9-5}$$

式中，$\varphi(t)$为形成新相的体积分数；K为形状系数，对于球状新相，$K=4\pi/3$；I为形核率；u 为长大速率；t 为时间。

9.2.3.2 阿弗拉米（Avrami）方程

设形核率和长大速率均随时间而变，则等温转变的动力学为：

$$\varphi(t)=1-\exp(-bt^n) \tag{9-6}$$

式中，b 和 n 均为常数。

9.2.3.3 新相形成的体积速度和等温转变综合动力学曲线

根据公式(9-5) 和式(9-6)，可求出给定温度下的时间-转变量曲线，即相变动力学曲线，这些曲线均呈S形，所有生核长大过程的相变均有此特性，将不同温度的S曲线整理在时间-温度坐标中，可得到温度-时间-转变量曲线，即等温转变的综合动力学曲线。转变温度高时，扩散速度较快，但相变驱动力较小，使得转变速度较慢；转变温度较低时，相变驱动力大，但扩散速度小，转变速度也慢；转变温度居中时，扩散较快，相变驱动力较大，转变速度最快。因此等温转变动力学曲线呈C形，也称为C曲线。

9.2.4 过饱和固溶体的分解转变

9.2.4.1 过饱和固溶体的时效

过饱和固溶体在室温或稍高温度下保持，将发生新相析出的分解转变，称为过饱和固溶体的时效或脱溶。在相图上具有固溶度变化的材料，从单相区进入两相区时，会发生脱溶转变。

(1) 时效脱溶序列　脱溶转变常常会形成一系列的中间过渡相。例如 Al-Cu 合金，脱溶序列为：$\alpha\rightarrow\alpha_1+\text{GP区}\rightarrow\alpha_2+\theta''\rightarrow\alpha_3+\theta'\rightarrow\alpha_4+\theta$

(2) Al-Cu 合金脱溶析出相的结构　GP 区为溶质原子偏聚区，结构与母相相同并与母相完全共格；θ''具有正方点阵，成分接近 $CuAl_2$，与母相共格；θ'具有正方点阵，成分更加接近 $CuAl_2$，与母相半共格；$\theta(CuAl_2)$ 为平衡相，具有正方点阵，与母相非共格。

(3) 脱溶的热力学分析　从热力学上看，从母相中析出平衡相 $\theta(CuAl_2)$ 的驱动力最大，但一个新相能否形成，还必须考虑相变阻力（界面能和应变能）的大小，在新相析出初期，表面能很大，为了减少表面能，先形成与母相保持共格关系的一系列亚稳过渡相 GP 区、θ''和 θ'，从而使体系能量降低。在析出后期，应变能成为相变的主要阻力，则形成与母相非共格的稳定相 θ，降低体系总能量。

(4) 析出硬化（时效强化）　过饱和固溶体在时效析出过程中会引起强度、硬度的升高，称为析出硬化或时效强化。在析出硬化达到某一极大值后，随时效时间延长，硬度值下降，称为过实效。时效强化是由于GP区和θ''相的析出造成的，过时效是因为θ'相析出并长大引起的。

9.2.4.2 调幅分解

(1) 概念　在自由焓-成分曲线的拐点轨迹线以下，溶质原子将自发地发生上坡扩散，均匀的固溶体将出现成分调幅的结构，称为调幅分解。

(2) 特点　成分处于 $x_{s_1}\sim x_{s_2}$ 的范围内，$\dfrac{\partial^2 G}{\partial x^2}<0$，过饱和固溶体在这种情况下分解为两相时不存在热力学能垒，任何的成分波动和进一步长大都使系统的自由能降低，无须形核，只受原子扩散控制，按扩散-偏聚机制进行，分解产物与母相结构相同而成分不同，贫溶质区和富溶质区二者之间没有清晰的相界面。

(3) 组织　调幅组织具有周期性的图案状，弥散度大，分布均匀，有很好的强韧性。

9.2.5 钢的加热转变

加热过程是钢热处理的第一步，大多数热处理工艺都要将钢加热到临界点以上形成奥氏体，钢加热形成奥氏体的特性，对随后冷却得到的组织和性能有很大的影响。

9.2.5.1　奥氏体的形成

(1) 共析钢的奥氏体化　包括铁素体的晶格重组和碳原子的重新分布，由奥氏体形核、长大、残余渗碳体溶解和奥氏体成分均匀化四个阶段组成。

(2) 非共析钢的奥氏体化　亚共析钢和过共析钢加热到 A_{c_3} 或 $A_{c_{cm}}$ 以上，得到单相奥氏体组织，称为完全奥氏体化；若加热到 $A_{c_1}\sim A_{c_3}$ 或 $A_{c_1}\sim A_{c_{cm}}$ 两相区，称为不完全奥氏体化（部分奥氏体化）。

(3) 合金元素与原始组织对奥氏体化的影响　合金元素对奥氏体化的影响不同，碳化物形成元素会减慢奥氏体化过程，非碳化物形成元素 Ni、Co 等会加快奥氏体化过程，Si、Al、Mn 等对奥氏体化过程影响不大；原始组织中两相界面越大，越可加快奥氏体化过程。

9.2.5.2　奥氏体晶粒的大小

① 奥氏体晶粒的大小用晶粒度表示，刚刚完成奥氏体化的晶粒大小称为起始晶粒度；在具体的加热条件下获得的晶粒大小称为实际晶粒度；本质晶粒度反映在规定条件下（930℃±10℃，保温 5～8h）奥氏体晶粒长大的倾向性。

② 加热温度越高，保温时间越长，奥氏体晶粒越粗大；加热速度越快，奥氏体晶粒越细小；除了 Mn、P 外，大多数合金元素会阻碍奥氏体晶粒长大。

③ 奥氏体晶粒度对钢的热处理工艺性能以及热处理后得到的组织和性能都有重要影响，粗大奥氏体热处理后的组织也粗大，性能变坏。

9.2.6　钢在冷却时的转变

9.2.6.1　共析钢的过冷奥氏体转变

(1) 过冷奥氏体转变曲线　过冷奥氏体等温冷却转变曲线（TTT 曲线）又称C曲线，过冷奥氏体在C曲线的鼻温等温时最不稳定（孕育期最短），转变最快；过冷奥氏体在不同的温度区间会发生三种不同类型的转变：珠光体转变（A_1～550℃）、贝氏体转变（550℃～M_s）和马氏体转变（M_s～M_f）。

过冷奥氏体连续冷却转变曲线即 CCT 曲线，共析钢的 CCT 曲线位于 C 曲线的右下方，表明连续冷却转变比等温冷却转变要滞后，转变组织不均匀，共析钢的 CCT 曲线上没有贝氏体转变，得到全部马氏体组织的最低冷却速度称为临界冷却速度。

奥氏体成分以及奥氏体化条件会影响过冷奥氏体转变曲线。

(2) 珠光体的形成及其组织　珠光体转变是高温扩散型相变，通过形核长大过程完成。

珠光体的组织形态有片状和粒状两种，片状珠光体的形成机制有分片形成和分枝形成，随形成温度降低，珠光体的片间距减小；粒状珠光体通过渗碳体的球化过程形成。

珠光体的性能主要取决于渗碳体的分散度和形状，转变温度低，珠光体的片间距小，强度、硬度高，塑性、韧性好；在硬度相同的条件下，粒状珠光体的屈服强度和塑性均比片状珠光体好。

9.2.6.2　非共析钢过冷奥氏体分解转变

(1) 非共析钢过冷奥氏体转变曲线　与共析钢的过冷奥氏体转变曲线相比，亚共析钢多了一条 $\gamma\rightarrow\alpha$ 转变开始线，过共析钢多了一条 $\gamma\rightarrow Fe_3C_{II}$ 转变开始线；共析钢的过冷奥氏体最稳定，成分越偏离共析钢，过冷奥氏体越不稳定，临界冷却速度越大。

(2) 非共析钢过冷奥氏体转变产物　根据先共析相的不同形态，非共析钢过冷奥氏体分解转变产物的组织有以下几种，块状铁素体加珠光体组织（M＋P）、网状组织加珠光体组织（GBA＋P）、魏氏组织加珠光体组织（W＋P），魏氏组织在粗大奥氏体和一定冷速下容易形成，魏氏组织使钢的塑性和韧性显著降低。

(3) 伪共析组织　成分靠近共析成分的非共析钢，在较快的连续冷却条件下，将得到全部珠光体型组织，即伪共析组织。

9.2.6.3　贝氏体转变（中温转变）

中温转变时，铁和合金元素已经无法扩散，只有碳原子可以扩散，因此贝氏体转变属于半扩散型相变，是通过奥氏体切变改组成铁素体和碳的扩散形成碳化物完成，贝氏体是过冷奥氏体经中温转变得到的过饱和铁素体和碳化物的两相混合物。

(1) 贝氏体的组织形态　上贝氏体（550～350℃）在光镜下呈羽毛状，电镜下为条片状的铁素体和分布在条片间的断续的渗碳体组成；下贝氏体（350℃～M_s）在光镜下呈黑针状，电镜下可观察到铁素体针中分布有细片状碳化物。

(2) 贝氏体的力学性能　上贝氏体中碳化物较粗大，且分布不均匀，脆性大，下贝氏体中碳化物细小且弥散分布，与上贝氏体相比，下贝氏体具有高的强韧性，综合性能好。

(3) 等温淬火　为了获得下贝氏体的热处理工艺称为等温淬火，即将工件加热奥氏体化后，急冷到下贝氏体区进行等温处理。

9.2.7　钢的退火与正火处理

9.2.7.1　钢的退火

退火是将工件加热到一定温度，保温一定时间，缓冷下来的热处理工艺。

(1) 完全退火（重结晶退火）　适用于亚共析钢，可以消除热加工组织缺陷，细化晶粒，降低硬度，便于切削加工，消除内应力。

(2) 球化退火（不完全退火）　适用于共析钢和过共析钢，降低硬度，改善切削加工性，为淬火做好组织准备。

(3) 扩散退火（均匀化退火）　适用于合金钢铸件和铸锭，消除枝晶偏析，使成分均匀化，扩散退火后需再进行一次完全退火或正火细化晶粒。

(4) 再结晶退火　适用于冷变形工件，消除加工硬化及内应力，提高塑性。

(5) 去应力退火（低温退火）　消除残余内应力。

(6) 等温退火　用于替代完全退火和球化退火，使组织均匀，缩短生产周期。

9.2.7.2　钢的正火

正火是将钢加热完全奥氏体化，然后空冷下来的热处理工艺。

正火可以细化组织，消除热加工组织缺陷。低碳钢正火可以提高硬度，改善切削性；中碳钢正火用于代替调质处理，为高频淬火做好准备；高碳钢正火用于消除网状渗碳体，为球化退火做好准备；对于性能要求不高的普通结构件，正火可以作为最终热处理。

9.2.8　钢的淬火

淬火是将钢加热奥氏体化后，快冷使过冷奥氏体转变成马氏体或下贝氏体的热处理工艺。

9.2.8.1　钢的马氏体转变

(1) 马氏体转变的主要特点

① 无扩散性。相变过程不发生成分变化，参与转变的所有原子运动协同一致，相邻原子的相对位置不变，而且相对位移量小于一个原子间距。

② 具有表面浮凸和切变共格性。马氏体相变产生均匀切变或称为点阵切变，造成结构变化，试样表面出现浮凸现象，马氏体和母相之间的界面为共格界面。

③ 存在惯习面及其不应变性。马氏体在母相的一定晶面上形成，此晶面称为惯习面。惯习面是一个无畸变不转动的平面。

④ 具有晶体学位向关系。马氏体和母相之间主要有以下位向关系：a. K-S 关系，$\{111\}_{\gamma}//\{110\}_{M}$，$\langle110\rangle_{\gamma}//\langle111\rangle_{M}$；b. 西山关系，$\{111\}_{\gamma}//\{110\}_{M}$，$\langle211\rangle_{\gamma}//\langle110\rangle_{M}$。

⑤ 马氏体具有内部亚结构。除了点阵切变外，马氏体相变还要发生点阵不变切变，依靠滑移或孪生完成，在马氏体内部形成位错或孪晶亚结构。

⑥ 马氏体具有逆转变现象。将马氏体以足够快的速度加热，马氏体可以不分解而直接转变为高温相。

(2) 马氏体的晶体结构　马氏体是碳在 α-Fe 中的过饱和固溶体，具有体心正方晶格，含碳量越高，正方度 c/a 越大。

(3) 马氏体的组织形态　主要有两种类型：含碳量小于 0.2%时为板条马氏体（低碳马氏体、位错马氏体），大于 1.0%时为片状马氏体（高碳马氏体、孪晶马氏体），含碳量在 0.2%～1.0%时为混合组织。

(4) 马氏体相变热力学　马氏体相变热力学也遵循相变的一般规律，只有当马氏体与母相奥氏体的自由能差为负值时，才会发生转变。如图 9-1 所示，$T>T_0$ 时，成分为 x 的合金的 M 相的自由焓曲线在 γ 相的上面，因而这个温度和成分下奥氏体是稳定的，不可能发生马氏体相变。在 $T=T_0$ 温度，成分为 x 合金的 M 相的自由焓曲线与 γ 相的相交，即这个温度下，该成分的马氏体和奥氏体的自由焓相等，因而马氏体相变不具有驱动力。

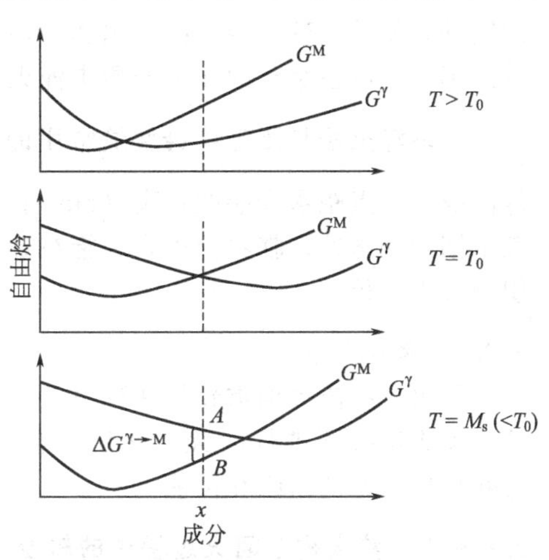

图 9-1　马氏体相变时的自由能-成分曲线

在 $T=M_s$ 时，成分为 x 的合金的 M 相的自由焓曲线在 γ 相的下面，所以在热力学上奥氏体不稳定，马氏体相变驱动力正比于 AB 线段的长度。M_s 温度的意义是具有足以使马氏体转变发生的驱动力的最高温度。在 $T_0>T>M_s$ 温度，尽管 M 相的自由焓曲线在 γ 相的下面，有一定的相变驱动力，但由于马氏体相变会产生很高的应变能，造成很大的相变阻力，这时的驱动力不能克服该相变阻力，马氏体相变仍不能发生。

(5) 马氏体转变动力学　当淬火冷至 M_s 点以下一定温度时，只能形成一定数量的马氏体，在此温度等温停留并不增加马氏体量，只有继续降温才能增加马氏体量，即马氏体转变量是温度的函数，依照这种动力学特点形成的马氏体称为变温马氏体。

(6) 马氏体的力学性能　马氏体具有高硬度、高强度，马氏体的硬度和强度主要取决于马氏体的含碳量，马氏体的强化机制有相变强化、固溶强化、时效强化和细晶强化等；板条马氏体的强韧性好，片状马氏体硬而脆。

9.2.8.2　淬火加热温度

亚共析钢的淬火加热温度为 $A_{c_3}+(30\sim50)$℃，共析钢和过共析钢的淬火加热温度为 $A_{c_1}+(30\sim50)$℃，对于过共析钢，如加热温度在 $A_{c_{cm}}$ 以上，则淬火组织中有粗大的马氏体和过多的残余奥氏体，脆性增加。

9.2.8.3 **淬火冷却**

淬火冷却速度应保证既获得马氏体组织，又要尽量减少淬火应力。淬火应力包括热应力和组织应力，热应力是由于淬火冷却时工件内外存在温差收缩不同时产生的内应力，组织应力是由于工件内外存在温差导致马氏体转变膨胀不同时而产生的内应力。理想的淬火冷却速度应在C曲线鼻温附近快冷，以免发生过冷奥氏体分解转变，而在马氏体转变区间应慢冷，以减少组织应力，避免工件产生变形和开裂。

淬火冷却除应正确地选择淬火介质外，还应采取正确的淬火方法，常用的淬火方法有单液淬火、双液淬火、分级淬火和等温淬火。

9.2.8.4 **淬透性**

淬透性表征钢在淬火时获得淬硬层深度的能力，是钢固有的一种热处理工艺属性。淬透性可以用规定条件（工件的形状和尺寸、淬火条件）下的淬硬层深度来表示，淬硬层深度指从工件表层到半马氏体区的厚度。

淬透性取决于钢过冷奥氏体的稳定性，C曲线越靠右，临界冷却速度越低，淬透性越好。因此淬透性的影响因素是奥氏体的化学成分和奥氏体化条件，主要是合金元素，除Al、Co以外，合金元素只要溶入奥氏体，都增大奥氏体稳定性，提高淬透性。

钢的淬透性在生产中有很重要的实际意义。对于截面较大的重要工件，应选用淬透性好的钢种，使截面获得均匀的组织和性能；对于形状复杂、变形要求严格的工件，选用淬透性好的钢，可以在缓和的淬火介质中淬火，从而减少淬火应力和变形。

末端淬火法是测定淬透性最常用的方法，用$J\dfrac{\mathrm{HRC}}{d}$来表示钢的淬透性。式中，d是端淬曲线上拐点距水冷端的距离（mm）；HRC是该处的硬度值。生产上还常用临界淬火直径表示钢的淬透性，临界淬火直径指在某种介质中淬火后，圆棒状工件中心可获得半马氏体组织的最大直径。

9.2.9 钢的回火

回火是将淬火钢重新加热到A_1点以下某一温度，保温一定时间，冷却下来的热处理工艺。淬火钢必须进行回火，其目的有：①稳定组织，稳定尺寸；②减少或消除淬火应力；③获得所需要的组织和性能。

9.2.9.1 **淬火钢在回火过程中的转变**

随回火温度的升高，淬火钢的回火转变包括四个方面：马氏体的分解、残余奥氏体的分解、碳化物类型的变化、铁素体的回复和再结晶和碳化物的聚集长大。

9.2.9.2 **回火组织与性能**

淬火钢经不同温度回火，将得到：①低温回火，回火马氏体组织，即过饱和度有所降低的马氏体与细小的ε碳化物组成的复相组织；②中温回火，回火托氏体组织，即保持马氏体形貌的铁素体与细粒状渗碳体组成的复相组织；③高温回火，回火索氏体、回火珠光体组织，即等轴状的铁素体与颗粒状渗碳体组成的复相组织。

淬火钢回火时，其性能变化的总的趋势是，随回火温度的升高，硬度、强度下降，塑性、韧性升高，但在局部温度范围，高碳钢的硬度还会有所升高，这是由于大量碳化物弥散析出和残余奥氏体分解造成的硬化效果所致。

在硬度相同的情况下，淬火回火组织的综合性能优于正火组织。

9.2.9.3 **回火脆性**

淬火钢回火时，在某些温度区间，冲击韧度不仅不上升反而下降的现象，称为回火脆性。

在 250～400℃区间回火出现的冲击韧度下降现象，称为第一类回火脆性（低温回火脆性），此类回火脆性为不可逆回火脆性，应避免在此温度区间回火；含 Ni、Cr、Si、Mn 的钢在 450～600℃区间回火后慢冷出现的冲击韧度下降现象，称为第二类回火脆性（高温回火脆性），高温回火脆性为可逆回火脆性，再次回火后快冷则消失，亦可加少量 W、Mo 抑制此类回火脆性。

9.2.9.4　钢淬火回火热处理的应用

(1) 低温回火　回火温度 100～250℃，组织为回火马氏体，保持淬火钢的高硬度和耐磨性，降低钢的脆性和残余内应力，用于工、模具钢表面淬火及渗碳件的回火处理。

(2) 中温回火　回火温度 350～500℃，组织为回火托氏体，具有一定的韧性和极高的弹性极限和屈服强度，多用于弹性元件的处理。

(3) 高温回火　回火温度 500～650℃，组织为回火索氏体，具有良好的综合机械性能，优于正火处理获得的索氏体组织，淬火加高温回火处理，又称调质处理，广泛用于处理各类重要零件。

9.2.10　钢的表面热处理

与普通热处理不同，表面热处理可以使工件表面具有与心部不同的组织和性能，强化表面。表面热处理包括表面淬火和化学热处理。

9.2.10.1　表面淬火

表面淬火是利用快速加热，只将工件表层奥氏体化，然后淬火冷却的方法。表面淬火后钢的心部组织不变，而表面获得马氏体，得到强化。

(1) 感应加热表面淬火　感应加热表面淬火是利用感应电流的集肤效应，在工件表面获得透热层，淬火后即得到淬硬层，感应器电流频率越高，淬硬层越浅，应根据工件的淬硬层要求来选择感应器。

(2) 表面淬火后钢的组织和性能　钢经表面淬火＋低温回火后的组织的表层：隐晶回火马氏体；心部：回火索氏体（或铁素体＋索氏体）。

性能：表面强而耐磨、高的疲劳强度，心部具有良好的综合机械性能或足够的塑性、韧性和一定的强度。

9.2.10.2　化学热处理

化学热处理是通过改变工件表层的化学成分和组织结构，来获得对工件表层和心部的不同性能要求的热处理方法。

(1) 化学热处理的基本过程　包括介质分解出活性原子、活性原子被工件吸收和原子向内层扩散三个过程。

(2) 钢的渗碳　渗碳是将工件置于渗碳气氛中，加热到渗碳温度（930℃±10℃），活性的碳原子会被工件表面吸收并向内扩散，形成一定厚度的渗碳层。

渗碳处理用于要求“表硬内韧”的重要零件，如汽车、拖拉机变速箱齿轮等。低碳钢经渗碳后表面碳浓度可达到 0.8%～1.1%，而心部保持原始成分，实现表硬内韧的性能要求。

渗碳工艺有固体渗碳、气体渗碳、真空渗碳和离子渗碳法等。

(3) 渗碳后的热处理　渗碳后必须进行淬火和低温回火才能达到预期目的。渗碳后的热处理工艺有以下几种。

① 直接淬火法。自渗碳温度预冷后直接淬火，只适用于本质细晶粒钢。

② 一次淬火法（一般采用）。渗碳缓冷后一次淬火加低温回火，淬火温度略高于 A_{c_3}，

兼顾表层和心部。

③ 二次淬火法。渗碳缓冷后两次加热淬火加低温回火，第一次淬火温度高于 A_{c_3}，改善心部组织和性能，第二次淬火温度略高于 A_{c_1}，细化表层组织，提高性能。二次淬火法工艺较繁，只用于性能要求很高的零件。

（4）渗碳零件的最终组织　经渗碳、淬火和低温回火后，表层为回火马氏体加均匀分布的细粒状碳化物和少量残余奥氏体，心部若淬透为回火马氏体加少量铁素体，若没淬透为铁素体加珠光体型。

9.3 疑难解析

9.3.1 固态相变时为什么常常首先形成亚稳过渡相

尽管从热力学上看，从母相中析出平衡相的驱动力最大，但实际上却往往先形成一系列的亚稳过渡相。这主要是受到界面能和应变能的制约所致。由式(9-3) 可知，只有当界面能和应变能减小，才能有效地减小临界晶核形成功，有利于新相形核。在新相析出初期，析出相很小，单位体积的新相的表面积很大。为了减少界面能，形成与母相保持共格关系的亚稳过渡相，以便使体系的能量降低，有利于相变。另外，亚稳过渡相的成分和结构均更接近于母相，先形成亚稳过渡相，所需的成分改变和结构变化均较小，有利于形核。

9.3.2 如何理解颗粒粗化过程中的小颗粒溶解和大颗粒长大现象

在固态材料中形成大小不同的析出相颗粒后，会发生颗粒的长大。根据 Gibbs-Thomson 定律，大颗粒周围母相的溶质浓度较低，小颗粒周围浓度较高，则在母相中出现浓度梯度，见图 9-2(a)。小颗粒周围的溶质原子要向大颗粒周围扩散，使得小颗粒周围的溶质浓度变小，而大颗粒周围的溶质浓度变大，破坏了析出相颗粒与母相界面的溶质浓度平衡关系，见图 9-2(b)。为了保持平衡，小颗粒要溶解以提高周围的溶质浓度，大颗粒则要长大以降低周围的溶质浓度。如此反复，使得小颗粒发生了溶解，大颗粒发生了粗化［图 9-2(c)］。

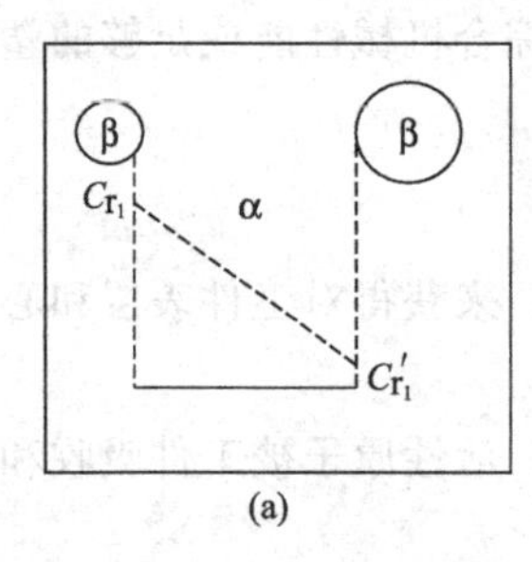

(a)

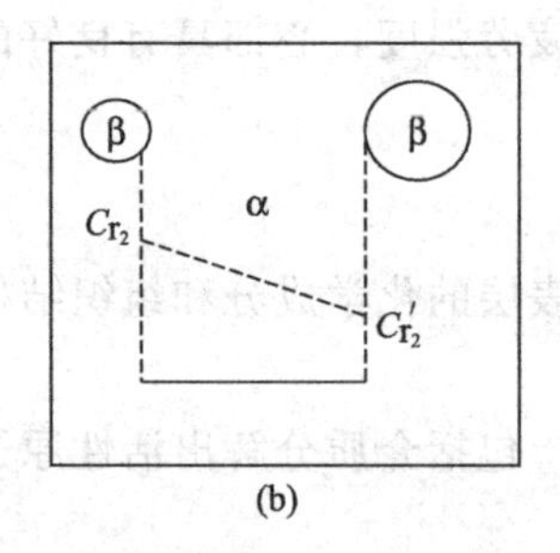

(b)

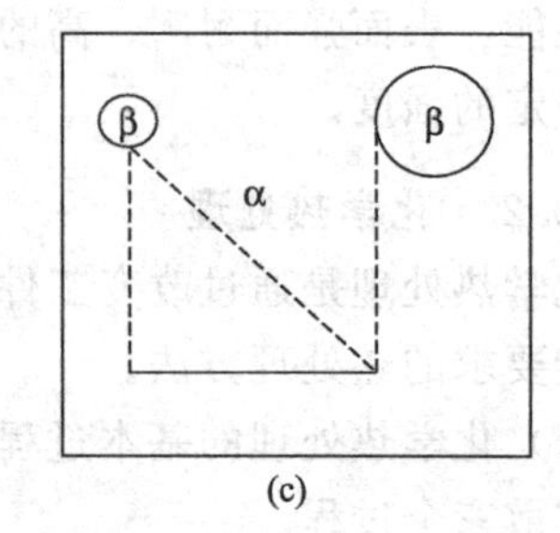

(c)

图 9-2　球形粒子长大示意图

9.3.3 调幅分解与形核长大型脱溶转变的主要区别

调幅分解是指过饱和固溶体在一定温度下分解成结构相同、成分不同的两个相的过程。调幅分解的主要特征是不需要形核。调幅分解与形核长大型脱溶转变的比较见表 9-1。

表 9-1　调幅分解与形核长大型脱溶转变的比较

脱溶类型	自由焓成分曲线特点	条件	形核特点	新相的成分结构特点	界面特点	扩散方式	转变速率	组织
调幅分解	凸	过冷度和 $G''<0$	非形核	成分变化,结构不变	宽泛	上坡	高	均匀规则
形核长大	凹	过冷度和临界形核功	形核	成分结构均变化	明晰	下坡	低	均匀性差

9.4 学习方法指导

固态相变理论是钢热处理强化的基础，因此，本章的学习应首先掌握固态相变的基本理论知识，如固态相变不同于液-固相变的基本特点、固态相变的热力学和动力学分析等，在此基础上，重点掌握钢热处理的各种相变过程，如共析转变（扩散型相变）、马氏体相变（非扩散型相变）等，进而掌握各种常用热处理工艺。

本章概念较多，内容繁杂，特别是热处理工艺部分需要记忆的东西较多，因此应及时将学习内容进行归纳总结，并注重运用多种学习方法辅助学习，如列表比较法、概括记忆法、歌诀记忆法等。

9.4.1 列表比较固态相变与液-固相变在形核、长大规律、组织等方面的特点（表 9-2）

表 9-2 两类相变的特点及对组织的影响

相变类型		固态相变	液-固相变
形核	形核阻力	因比体积差引起的畸变能及新相出现而增加的界面能	形成新相而增加的界面能
	核的形状	片针、针状	球状
	核的位置	大部分在缺陷处或晶界上非均匀形核；可能出现亚稳相形成共格、半共格界面，出现取向关系；尚有无核转变	在各种晶体表面非均匀形核
长大		新相生长受扩散或界面控制，以团状或球状方式长大；可能获得大的过冷度，导致无扩散相变	新相生长受温度和扩散速率的控制，以枝晶方式长大
组织特点		组织细小，并可有多种形态；如魏氏组织、马氏体组织、沿晶界析出等	产生枝晶偏析及疏松、气孔、夹杂等冶金缺陷

9.4.2 列表比较过冷奥氏体转变产物的形成条件、组织形态与性能特征（表 9-3）

表 9-3 过冷奥氏体等温冷却转变的类型、产物、性能及特征

组织名称		符号	转变温度/℃	相组成	转变类型	特征	HRC
珠光体型	珠光体	P	A_1～650	$\alpha+Fe_3C$	扩散型（铁原子和碳原子都扩散）	片层间距：0.6～0.8μm，500 倍分清	10～20
	索氏体	S	650～600			片层间距：0.25μm，1000 倍分清细珠光体	25～30
	托氏体	T	600～550			片层间距：0.1μm，2000 倍分清极细珠光体	30～40
贝氏体型	上贝氏体	$B_上$	550～350	$\alpha_过+Fe_3C$	半扩散型（铁原子不扩散，碳原子扩散）	羽毛状：在平行密排的过饱和 α 板条间，不均匀分布短杆（片状）Fe_3C；脆性大，工业上不应用	40～45
	下贝氏体	$B_下$	350～M_s	$\alpha_过+\varepsilon(Fe_{2.4}C)$		针状：在过饱和 α 针内均匀分布（与针轴成 55°～65°）细小颗粒 ε 碳化物；具有较高的强度、硬度、塑性和韧性	50～60

续表

组织名称		符号	转变温度/℃	相组成	转变类型	特征	HRC
马氏体	针状马氏体 $w_c \geqslant 1.0\%$（高碳、孪晶）	M	$M_s \sim M_f$	碳在 α-Fe 中过饱和固溶体（体心正方晶格）	非扩散型（铁原子和碳原子都不扩散）	①马氏体变温形成，与保温时间无关 ②马氏体成长率非常大（线长大速度可达 10^3 m/s） ③马氏体转变不完全性，$w_c \geqslant 0.5\%$ 的钢中存在残余奥氏体 ④马氏体的硬度与含碳量有关	64～66
	板条马氏体 $w_c \leqslant 0.2\%$（低碳、位错）						30～50

9.4.3 列表总结淬火钢回火时的转变特征以及回火组织、性能特点

9.4.4 列表总结钢的常用热处理工艺（表 9-4～表 9-6）

表 9-4 淬火钢回火时的转变特征

回火阶段	组织转变阶段名称	回火温度范围	回火时组织、结构的变化	
			板条马氏体	针片状马氏体
预备	碳原子的偏聚与聚集	＜100℃	碳原子偏聚在位错线附近	碳原子沿一定晶面而聚集
一	马氏体分解	100～250℃一直持续到 350℃	碳原子仍偏聚在位错附近	正方度（c/a）下降，马氏体过饱和度下降，由马氏体中共格析出极细小片状 $\varepsilon(Fe_{2.4}C)$ 碳化物
二	残余奥氏体分解	200～300℃		残余奥氏体分解为回火马氏体
三	碳化物类型的变化	250～400℃	碳原子全部脱溶，析出细粒状渗碳体，α 相仍保持条状特征	过饱和碳自 α 相内继续析出，同时 ε 碳化物转变为细粒状渗碳体
四	碳化物聚集长大与 α 相回复、再结晶	＞400℃	Fe_3C 细粒→聚集长大 α 条状 $\xrightarrow{\text{回复}}$ α 回复 $\xrightarrow{\text{再结晶}}$ 多边化	

表 9-5 回火组织及性能特点小结

回火类型	回火温度/℃	回火组织名称	组织形态特征	性能特点及应用
低温回火	100～250	回火马氏体（$M_{回}$）	碳在 α-Fe 中的过饱和固溶体与细小的 ε 碳化物组成的复相组织	保持淬火钢的高硬度和耐磨性，但降低了钢的脆性及残余应力；用于工、模具钢表面淬火及渗碳淬火的处理
中温回火	350～500	回火托氏体（$T_{回}$）	保留了马氏体针状形貌的铁素体与细粒状的渗碳体的复相组织	硬度下降，但具有一定的韧性和极高的弹性极限和屈服极限；多用于弹性元件的处理
高温回火	500～650	回火索氏体（$S_{回}$）	多边形状的铁素体与颗粒状的渗碳体的复相组织	具有较高的强度、塑性及韧性，即具有良好的综合机械性能，优于正火处理获得的索氏体组织；广泛用于处理各类重要零件，如轴、齿轮等，或精密零件、量具的预先热处理

表 9-6　常用热处理工艺小结

名　称		目的	工艺曲线	组织	性能变化	应用范围
退火	去应力退火(低温退火)	消除铸、锻、焊、冷压件及机加工件中的残余应力,提高尺寸稳定性,防止变形开裂	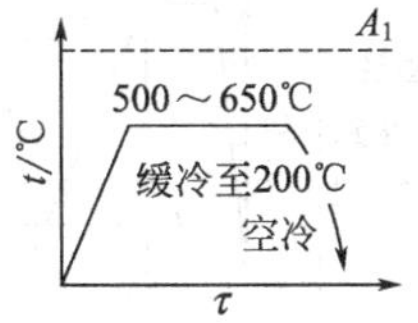 A_1; 500～650℃; 缓冷至200℃; 空冷; t/℃; τ	组织不发生变化	与退火处理前的性能基本相同	铸、锻、焊、冷压件及机加工件等
	再结晶退火	消除加工硬化及内应力,提高塑性	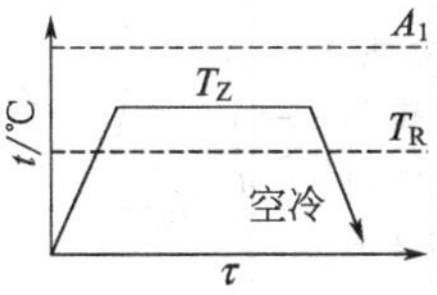 A_1; T_Z; T_R; 空冷; t/℃; τ	变形晶粒变为细小的等轴晶粒	强度、硬度降低,塑性提高	冷塑性变形加工的各种制品
	完全退火	消除铸、锻、焊件组织缺陷,细化晶粒,均匀组织;降低硬度,提高塑性,便于切削加工;消除内应力	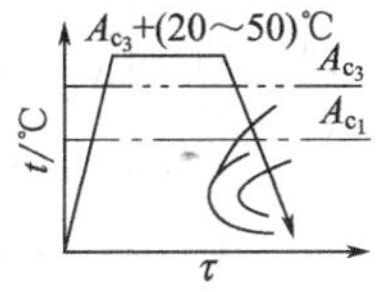 A_{c_3}+(20～50)℃; A_{c_3}; A_{c_1}; t/℃; τ	α+P	强度、硬度低(与正火相比)	亚共析钢的铸、锻、焊接件等
	等温退火	准确控制转变的过冷度,保证工件内外组织和性能均匀,大大缩短工艺周期,提高生产率	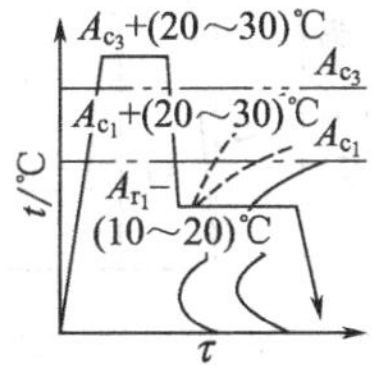 A_{c_3}+(20～30)℃; A_{c_3}; A_{c_1}+(20～30)℃; A_{c_1}; A_{r_1}−(10～20)℃; t/℃; τ	同完全退火或球化退火	同完全退火或球化退火	同完全退火或球化退火
	球化退火	降低硬度,改善切削加工性;为淬火作好组织准备	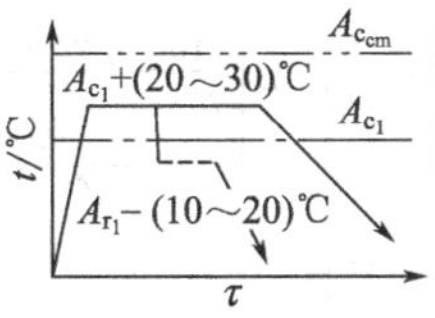 $A_{c_{cm}}$; A_{c_1}+(20～30)℃; A_{c_1}; A_{r_1}−(10～20)℃; t/℃; τ	$P_{粒}$(球化体)	硬度低于$P_{片}$,切削加工性良好	共析、过共析碳钢及合金钢的锻、轧件等
	扩散退火(均匀化退火)	改善或消除枝晶偏析,使成分均匀化	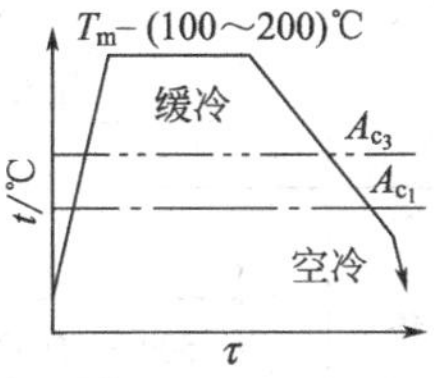 T_m−(100～200)℃; 缓冷; A_{c_3}; A_{c_1}; 空冷; t/℃; τ	粗大组织(组织严重过热)	铸件晶粒粗大,组织严重过热,力学性能差,必再进行完全退火或正火	合金钢铸锭及大型铸钢件或铸件
正火(常化)		细化晶粒,清除缺陷,使组织正常化;改善切削加工性;代替调质,为高频淬火作组织准备;对高碳钢,消除网状 K	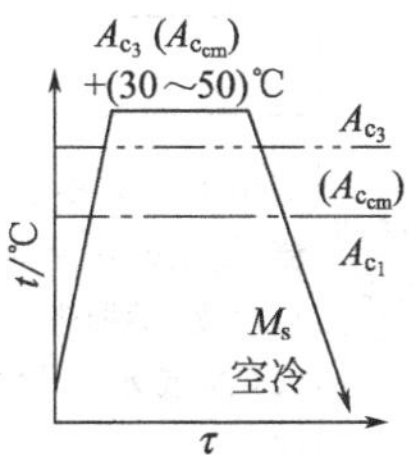 A_{c_3} ($A_{c_{cm}}$) +(30～50)℃; A_{c_3}; ($A_{c_{cm}}$); A_{c_1}; M_s; 空冷; t/℃; τ	P 类组织:亚:α+S;过:S + Fe_3C_{II};共:S	比退火的强度、硬度高些	低、中碳钢的预先热处理;性能要求不高零件的最终热处理;消除过共析钢中的网状碳化物

续表

名称		目的	工艺曲线	组织	性能变化	应用范围
淬火	单液淬火	提高硬度和耐磨性，配以回火使零件得到所需性能（获得M组织）	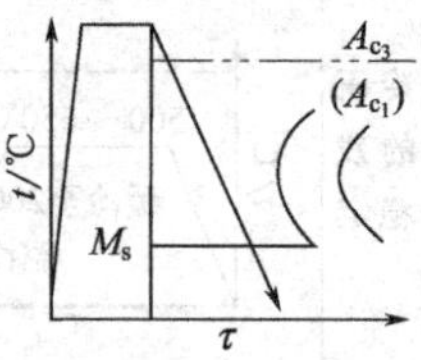 A_{c_3} (A_{c_1}) t/℃ M_s τ			用于简单形状的碳钢和合金钢零件
	双液淬火	提高硬度和耐磨性，配以回火使零件得到所需性能（获得M组织）亦减小内应力变形	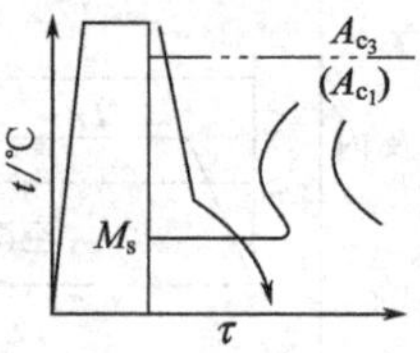 A_{c_3} (A_{c_1}) t/℃ M_s τ	M（低中碳钢），M＋Ar（中高碳钢），M＋Ar＋$K_{粒}$（高碳钢）	获得马氏体，以提高钢的硬度、强度、耐磨性	主要用于高碳工具钢制的易变形开裂工具（即形状复杂的碳钢件）
	分级淬火	减少淬火应力，防止变形开裂，得到高硬度M组织	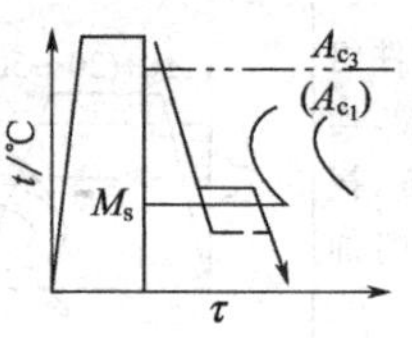 A_{c_3} (A_{c_1}) t/℃ M_s τ			主要用于尺寸较小、形状复杂的碳钢件及合金钢的工件（小尺寸零件）
	等温淬火	为获得$B_{下}$，提高强度、硬度、韧性和耐磨性，同时减少内应力、变形，防止开裂	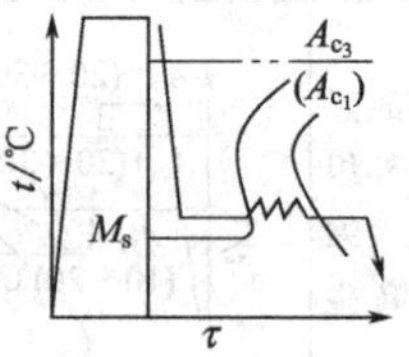 A_{c_3} (A_{c_1}) t/℃ M_s τ	$B_{下}$	较高的硬度、强韧性和耐磨性，即综合机械性能好	用于形状复杂，尺寸小，要求较高硬度和强度、韧性的零件（中高碳钢）
回火	低温回火	降低淬火应力，提高韧性，保持高硬度、强度和耐磨性，疲劳抗力大	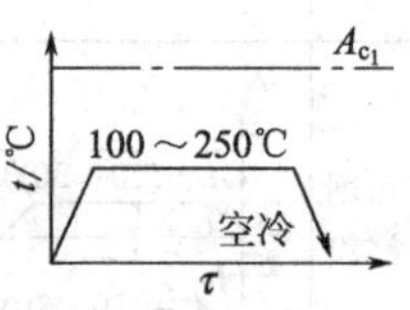 A_{c_1} t/℃ 100～250℃ 空冷 τ	$M_{回}$	高硬度、强度、耐磨性及疲劳抗力大	多用于刃具、量具、冷作模具、滚动轴承、精密偶件、渗碳件、表面淬火件等
	中温回火	保证σ_e和σ_s及一定韧性，σ_s/σ_b高，弹性好，消除内应力	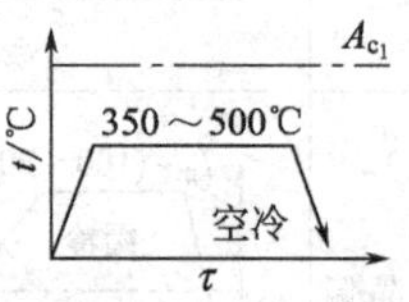 A_{c_1} t/℃ 350～500℃ 空冷 τ	$T_{回}$	较高的弹性、屈服强度和适当的韧性	各类弹性零件、热锻模等
	高温回火	得到回火索氏体组织，获得良好的综合力学性能	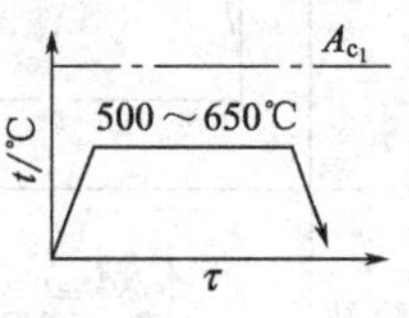 A_{c_1} t/℃ 500～650℃ τ	$S_{回}$	综合力学性能良好；还可为表面淬火、氮化等作好组织准备	多用于各类重要结构件如轴类、连杆、齿轮、螺栓、联结件等或精密零件的预处理
感应加热表面淬火		表面强化，使强硬而耐磨，高的疲劳强度；心部仍可保留高的综合力学性能	用不同频率的感应电流，使工件快速加热到淬火温度，随即进行冷却淬火（油或水），然后低温回火	表层：隐晶回火马氏体；心部：$S_{回}$或α＋S	表面强而耐磨、高的疲劳强度，心部有足够的塑性、韧性或好的综合机械性能	最适宜于中碳（0.3%～0.6%）的优质碳钢及合金钢制件，如齿轮、轴类零件

续表

名称			目的	工艺曲线	组织	性能变化	应用范围
化学热处理	渗碳	渗碳	增加钢件表层的含碳量	A_{c_3} A_{c_1} t/℃ 渗碳 淬火 低回 τ	由表及里：$FeC_{Ⅱ}+P\rightarrow P\rightarrow P+\alpha\rightarrow\alpha+P$（心部原始组织）	渗碳后配以淬、回火，其表层高硬度、高强度、高耐磨性及高疲劳强度，心部强而韧	$w_c=0.1\%\sim0.25\%$的碳素钢及合金钢制件，如汽车、拖拉机中变速箱齿轮等
		渗碳后淬火＋低温回火	得到表层高硬度、高耐磨性及高表面强度，心部强而韧		表层：$M_{回}+Ar+Fe_3C$（0.5～2mm）；心部：$\alpha+P$（或$M_{回}+\alpha$）		
	氮化		通过提高表层氮浓度，使钢具有极高表面硬度、耐磨性、抗咬合性、疲劳强度、耐蚀性、低的缺口敏感性	A_{c_1} 500～700℃ t/℃ 炉冷 油冷 τ	由表及里：氮化物层→扩散层→基体	极高的表面硬度、耐磨性及抗咬合性、疲劳强度、耐蚀性，低的缺口敏感性	要求高耐磨性而变形量小的精密件，主要用于含 V、Ti、Al、Mo、W 等元素的合金钢

9.4.5　概括记忆法的应用

钢的热处理原理可以概括为"两大过程"，"五大转变"。

"两大过程"，即指钢在加热时的奥氏体形成过程与过冷奥氏体在冷却时的转变过程。

"五大转变"，意指奥氏体的形成、珠光体转变、马氏体转变、贝氏体转变与回火转变。

钢的热处理工艺亦可概括为"五把火"：退火、正火、淬火、回火与表面强化热处理。

9.4.6　歌诀记忆法的应用

学好本章重点内容（钢的热处理原理与工艺）的关键在于是否熟练地掌握了钢的 C、CCT 曲线，为此应会默画、熟悉曲线图中各条线的含义及各个区域相应组织。以下列出两个助记歌诀作为"引子"，以期抛砖引玉，希望能独立动脑，编出更多、更好的记忆歌诀。

"C 曲线歌"

共析碳钢 C 曲线，貌似双 C 字并行。
C 上平直线 A_1，奥氏存在稳定区；
C 下水平 M_s 线，马氏转变开始域；
左 C 字示起始线，线左过冷奥氏区；
右 C 字示终止线，线右转变产物区；
两 C 之间过渡区，过奥、产物并行存。

"钢的热处理"歌诀助记

零件加工工艺中，钢热处理最关键；
五大转变五把火，过程转变把火点。
加热过程铁碳图，冷却过程两 C 线；
奥、珠、贝、马及回火，五大转变融贯通。
退、正、淬、回及表面，还有 V_K 及淬透；
结合两 C 辨组织，灵活运用重实践。

9.5 例题

例题 9-1 试用经典形核理论计算在固态相变中，由 n 个原子构成立方体晶核时，新相的形状系数 η。

解：按经典形核理论，固态相变时，系统的自由能变化为：

$$\Delta G=n\Delta G_V+S\gamma+nE_S$$

式中 ΔG_V——新旧两相每个原子的自由能差；

S——晶核表面面积；

γ——平均界面能；

E_S——晶核中每个原子的应变能；

n——晶核中的原子数。

假设新相的密度为 ρ，相对原子质量为 A_r，则每克原子新相物质所占容积为 A_r/ρ；每个新相原子所占的容积为 $A_r/(\rho N_0)$；n 个原子的晶核体积为 $nA_r/(\rho N_0)$。

若构成立方体晶核，其边长为 $[nA_r/(\rho N_0)]^{1/3}$，晶核表面积为 $6\ [nA_r/(\rho N_0)]^{2/3}$。

所以 $\Delta G=n\Delta G_V+6[A_r/(\rho N_0)]^{2/3}n^{2/3}\gamma+nE_S$

即形状系数 $\eta=6[A_r/(\rho N_0)]^{2/3}$

例题 9-2 固态相变时，假设新相晶胚为球形，单个原子的体积自由焓变化 $\Delta G_V=200\dfrac{\Delta T}{T_C}$ (J/cm³)，临界转变温度 $T_C=1000$K，应变能 $E_S=4$J/cm³，共格界面能 $\gamma_{共格}=40\times10^{-7}$J/cm²，非共格界面能 $\gamma_{非共格}=400\times10^{-7}$J/cm²，计算：

① $\Delta T=50$K 时临界形核功 $\Delta G^*_{共格}/\Delta G^*_{非共格}$ 的比值。

② $\Delta G^*_{共格}=\Delta G^*_{非共格}$ 时的 ΔT。

解：① 固态相变形成球状新相，临界形核功为 $\Delta G^*=\dfrac{16\pi\gamma^3}{3(\Delta G_V-E_S)^2}$，由于新相与母相之间的弹性应变能以共格界面最大，非共格界面最小，约为零。故：

$$\Delta G^*_{共格}=\frac{16\pi\gamma^3_{共格}}{3(\Delta G_V-E_S)^2}$$

$$\Delta G^*_{非共格}=\frac{16\pi\gamma^3_{非共格}}{3\Delta G_V^2}$$

所以

$$\frac{\Delta G^*_{共格}}{\Delta G^*_{非共格}}=\frac{\Delta G_V^2\gamma^3_{共格}}{(\Delta G_V-E_S)^2\gamma^3_{非共格}}$$

$$=\frac{\left(\dfrac{200\times50}{1000}\right)^2\times(40\times10^{-7})^3}{\left(200\times\dfrac{50}{1000}-4\right)^2(400\times10^{-7})^3}$$

$$=2.77\times10^{-3}$$

② 由题意知 $\Delta G^*_{共格}=\Delta G^*_{非共格}$：

$$\frac{(40\times10^{-7})^3}{\left(200\times\dfrac{\Delta T}{1000}-4\right)^2}=\frac{(400\times10^{-7})^3}{\left(200\times\dfrac{\Delta T}{1000}\right)^2}$$

解得

$$\Delta T \approx 21\text{K}$$

可见，当过冷度较大时，新相与母相之间一般形成共格界面；当过冷度较小时，则容易形成非共格界面。

例题 9-3　在固态相变中，假设新相形核率 I 和长大速率 u 均为常数，经过 τ 时间后所形成的新相的体积分数可用 Johnson-Mehl 方程得到，即：

$$\varphi = 1 - \exp\left(-\frac{\pi}{3} I u^3 \tau^4\right)$$

① 求出发生相变最快的时间。

② 求最大的相变速率。

③ 求获得 50%转变量所需要的时间 [设 $I=1000/(\text{cm}^3 \cdot \text{s})$，$u=3\times10^{-5}\text{cm/s}$]。

解：① $\varphi = 1 - \exp\left(-\frac{\pi}{3} I u^3 \tau^4\right)$

$$\frac{\mathrm{d}\varphi}{\mathrm{d}t} = \left(\frac{4}{3}\pi I u^3 \tau^3\right)\exp\left(-\frac{\pi}{3} I u^3 \tau^4\right)$$

$$\frac{\mathrm{d}^2\varphi}{\mathrm{d}\tau^2} = -\left(\frac{4}{3}\pi I u^3 \tau^3\right)^2 \exp\left(-\frac{\pi}{3} I u^3 \tau^4\right) + \left(\frac{12}{3}\pi I u^3 \tau^2\right)\exp\left(-\frac{\pi}{3} I u^3 \tau^4\right)$$

令 $\frac{\mathrm{d}^2\varphi}{\mathrm{d}\tau^2}=0$，即

$$-\left(\frac{4}{3}\pi I u^3 \tau^3\right)^2 + \left(\frac{12}{3}\pi I u^3 \tau^2\right) = 0$$

所以　$\tau_{\max} = \left(\frac{9}{4\pi I u^3}\right)^{\frac{1}{4}}$

② $\left(\frac{\mathrm{d}\varphi}{\mathrm{d}t}\right)_{\max} = \left(\frac{4}{3}\pi I u^3 \tau_{\max}^3\right)\exp\left(-\frac{\pi}{3} I u^3 \tau_{\max}^4\right)$

③ $\varphi = 1 - \exp\left(-\frac{\pi}{3} I u^3 \tau^4\right)$

$$50\% = 1 - \exp\left(-\frac{\pi}{3} I u^3 \tau^4\right)$$

$$0.6931 = \frac{\pi}{3} \times 1000 \times (3\times10^{-5})^3 \tau^4$$

$$\tau = 395\text{s}$$

例题 9-4　含碳质量分数 $w_C=0.3\%$ 及 $w_C=1.2\%$ 的 ϕ5mm 碳钢试样，都经过 860℃加热淬火，试说明淬火后所得到的组织形态、精细结构及成分？若将两种钢在 860℃加热淬火后，将试样进行回火，则回火过程中组织结构会如何变化？

解：860℃加热，两种钢均在单相区（见 $Fe\text{-}Fe_3C$ 相图），淬火后均为 M，$w_C=1.2\%$ 的碳钢中有一定量的残余奥氏体。

$w_C=0.3\%$ 的碳钢，其马氏体成分为 $w_C=0.3\%$，形态为板条状，精细结构为位错。

$w_C=1.2\%$ 的碳钢，其马氏体成分为 $w_C=1.2\%$，形态为针状，精细结构为孪晶。

$w_C=0.3\%$ 的碳钢，在 200℃以下回火时，组织形态变化较小，硬度变化也不大。但碳原子向位错线附近偏聚倾向增大。当回火温度高于 250℃时，渗碳体在板条间或沿位错线析出，使强度、塑性降低；当回火温度达 300～400℃时，析出片状或条状渗碳体，硬度、强度显著降低，塑性开始增高，当 400～700℃回火时，发生碳化物的聚集、长大和球化及 α

相的回复、再结晶。此时，硬度、强度逐渐降低，塑性逐渐增高。

w_C＝1.2%的碳钢，低于100℃回火时，碳原子形成富碳区；100～200℃回火时，析出大量细小碳化物，因此，硬度稍有提高；200～300℃回火时，残留奥氏体转变为回火马氏体（或贝氏体）使硬度升高，但同时，马氏体的硬度降低，因此，总体上硬度变化不大；高于300℃回火时，碳化物继续析出，随后便是碳化物长大及球化，而α相发生回复、再结晶，使硬度降低，韧性增高。

例题 9-5　在分析正火作用时，是应根据C曲线、CCT曲线，还是$Fe\text{-}Fe_3C$相图呢？

（1）思路　本题旨在检验正火的定义。所谓正火，即把钢件加热至A_{c_3}或$A_{c_{cm}}$以上，经一定时间保温后取出空冷，以期获得索氏体组织的一种热处理工艺操作。该工艺是在连续冷却过程中进行的，而不是等温冷却，严格地说是不能应用C曲线来指导工艺的；同时，该工艺又是较快的冷却，是非平衡的，因而亦不能应用$Fe\text{-}Fe_3C$相图来分析其冷却转变产物。

所以，正确的做法应该是根据CCT曲线来指导工艺。

但是，由于C曲线和CCT曲线存在共同的理论基础，因而可根据C曲线近似地估计正火连续冷却时的转变产物。

那么$Fe\text{-}Fe_3C$相图的作用又是什么呢？在确定正火加热温度范围时，则必须依据变化了的$Fe\text{-}Fe_3C$相图。

（2）解答　在分析共析钢的正火作用时，确定正火的加热温度范围时应依据变化了的$Fe\text{-}Fe_3C$相图；当判断正火的冷却组织时，则应依据CCT曲线来分析。

若查不到有关CCT曲线的资料时，则可利用C曲线近似地估计正火冷却时的组织。

（3）常见错误剖析　拿到题目不做认真分析，仅仅简略地回答应依据CCT曲线或错误地回答C曲线；只知正火的冷却是在空气中冷却，不与所获得的组织相联系。

例题 9-6　T8钢（即共析碳钢）在用如图9-3所示的方法冷却后的转变组织为何？

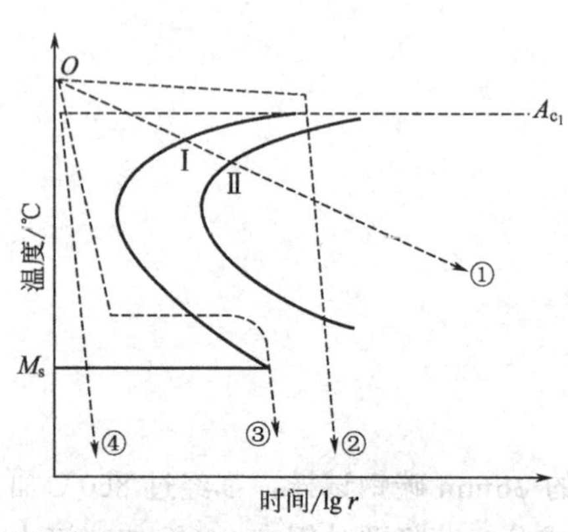

图 9-3　利用C曲线判断不同冷却条件下的转变产物

（1）思路　本题旨在检查学生掌握利用C曲线来近似地分析不同冷却条件（即不同热处理工艺）下转变产物的能力。

冷却速度①条件下，由于冷却速度缓慢，当缓冷至Ⅰ点时，过冷奥氏体开始转变为A＋P组织，继续缓冷至Ⅱ点以下时，即会得到单一的珠光体组织。冷却速度②，表面上观察该冷却速度曲线似乎已经切割了C曲线，但仔细分析，在临界点以上的一段缓慢冷却实属保温一定时间，此时该合金的组织仍为稳定的奥氏体，它如同仍在左上角的O点一样，此时奥氏体并不会发生分解。只有继续快速冷却，当其实际冷却速度大于上临界冷却速度时，就一定会获得马氏体组织。我们可从O点作冷却速度②的平行线④，并判断其冷却速度是否大于上临界冷却速度。在此处，很显然是大于上临界冷却速度的，故冷却速度②下最终的组织为M＋Ar。

在冷却速度③曲线的中下方有一水平台阶，它相当于等温冷却，此等温冷却线与过冷奥氏体等温冷却转变开始线的下半部分相交，说明会发生部分下贝氏体转变，当又继续快速冷却时，剩余的过冷奥氏体将转变为M＋Ar。

（2）解答　冷却速度①下最终获得的组织为P；冷却速度②下最终获得的组织为M＋Ar；冷却速度③下最终获得的组织为$B_下$＋M＋Ar。

（3）常见错误剖析　冷却速度③下，只知道等温冷却时会发生下贝氏体转变，这说明对 C 曲线的认识与理解并不全面；冷却速度②下，获得的是珠光体或是珠光体＋马氏体，这是大多数人最易犯的错误，它说明仅仅从形式上认识冷却速度曲线与 C 曲线的关系是远远不够的。

9.6　习题及参考答案

9.6.1　习题

习题 9-1　解释下列基本概念和术语

相变阶段规则、一级相变与二级相变、扩散型相变、非扩散型相变、相变驱动力与相变阻力、共格应变能与比体积应变能、界面控制长大、扩散控制长大、固溶处理、GP 区、析出硬化、回归现象、A_{c_1} 点、A_{c_3} 点、$A_{c_{cm}}$ 点、晶粒度、脱碳、过热、过烧、内氧化、临界冷却速度、魏氏组织、伪共析组织、扩散退火、隐晶马氏体、残余奥氏体、M_s 与 M_f 点、淬火应力、单液淬火、分级淬火、等温淬火、回火脆性、回火马氏体、回火托氏体、回火索氏体、低温回火、中温回火、高温回火、碳势、碳氮共渗、调质处理。

习题 9-2　判断下列说法是否正确，并说明理由。

① 亚共析钢加热至 A_{c_1} 和 A_{c_3} 之间将获得奥氏体＋铁素体两相组织，在此区间，奥氏体的含碳量总是大于钢的含碳量。

② 所谓本质细晶粒钢，就是说它在任何加热条件下晶粒均不粗化。

③ 马氏体是碳在 α-Fe 中的固溶体。

④ 40Cr 钢的淬透性与淬硬性都比 T10 钢要高。

⑤ 不论碳含量高低，马氏体的硬度都很高，脆性都很大。

⑥ 因为过冷奥氏体的连续冷却转变曲线位于等温冷却转变曲线的右下方，所以连续冷却转变曲线的临界冷速比等温转变曲线的大。

⑦ 为调整硬度，便于机械加工，低碳钢、中碳钢和低碳合金钢在锻造后应采用正火处理。

⑧ 化学热处理既改变工件表面的化学成分，又改变其表面组织。

⑨ 渗碳后，由于工件表面含碳量提高，所以不需要淬火即可获得高硬度与耐磨性。

⑩ T10 和 T12 钢如其淬火温度一样，那么它们淬火后残余奥氏体量也是一样的。

习题 9-3　选择题

① 钢在淬火后所获得的马氏体组织的粗细主要取决于（　　）。

A. 奥氏体的本质晶粒度　　B. 奥氏体的实际晶粒度

C. 奥氏体的起始晶粒度　　D. 加热前的原始组织

② 影响钢的淬透性的决定性因素是（　　）。

A. 钢的临界冷却速度　　B. 工件尺寸的大小

C. 淬火介质冷却能力　　D. 钢的含碳量

③ 调质处理后可获得综合力学性能好的组织是（　　）。

A. 回火马氏体　　B. 回火托氏体

C. 回火索氏体　　D. 索氏体

④ 过共析钢的正常淬火加热温度是（　　）。

A. $A_{c_{cm}}$＋(30～50)℃　　B. A_{c_3}＋(30～50)℃

C. A_{c_1}＋(30～50)℃　　D. A_{c_1}－(30～50)℃

⑤ 共析钢加热为奥氏体后，冷却时所形成组织主要决定于（　　）。

A. 奥氏体的加热温度　　B. 奥氏体在加热时的均匀化程度

C. 奥氏体冷却时的转变温度　　D. 奥氏体晶粒的大小

⑥ 影响淬火后残余奥氏体量的主要因素是（　　）。

A. 钢材本身含碳量　　B. 奥氏体含碳量

C. 加热时保温时间的长短　　D. 加热速度

⑦ 过共析钢正火的目的是（　　）。

A. 调整硬度，改善切削加工性　　B. 细化晶粒，为淬火作组织准备

C. 消除网状二次渗碳体　　D. 防止淬火变形与开裂

⑧ 直径为10mm的45钢棒，加热至850℃投入水中，其显微组织应为（　　）。

A. M　　B. M＋α　　C. M＋Ar　　D. M＋P

⑨ 制造手工锯条应采用（　　）。

A. 45钢淬火＋低温回火　　B. 65Mn淬火＋中温回火

C. T12钢淬火＋低温回火　　D. 9SiCr淬火＋低温回火

⑩ 钢的渗碳温度范围是（　　）。

A. 600～650℃　　B. 800～850℃

C. 900～950℃　　D. 1000～1050℃

习题 9-4　什么叫固态相变？与液-固相变比较，固态相变存在哪些基本特点？

习题 9-5　分析固态相变的阻力。

习题 9-6　分析位错促进形核的主要原因。

习题 9-7　固态相变在形核方面与液-固相变比较有何特点？

习题 9-8　连续脱溶和不连续脱溶有何区别？试述不连续脱溶的主要特征？

习题 9-9　试述Al-Cu合金的脱溶系列及可能出现的脱溶相的基本特征。为什么脱溶过程会出现过渡相？时效的实质是什么？

习题 9-10　若形成第二相颗粒时的体积自由焓的变化为10^8J/m^3，比表面能为1J/m^2，应变能忽略不计，试求表面能为1%体积自由焓时的圆球状颗粒直径d。

习题 9-11　假定形成GP区的铝合金中的空位形成能为20×4.18kJ/mol，淬火时空位不消失，合金中的原子以空位机制扩散。求500℃与200℃淬火后室温下GP区形成速度之比$\frac{V_{500℃}}{V_{200℃}}$。

习题 9-12　固态相变时，体系的自由焓变化为：

$$\Delta G = n\Delta G_V + \eta n^{2/3}\sigma + nE_S$$

式中，ΔG_V为晶核中每个原子的体积自由焓变化；σ为比表面能；E_S为晶核中每个原子的应变能；η为形状系数。

① 求晶核为立方体时的形状系数η。

② 求晶核为圆球时的形状系数η。

③ 求立方体晶核的临界形核功ΔG^*，设ΔG_V、σ、E_S均为衡量。

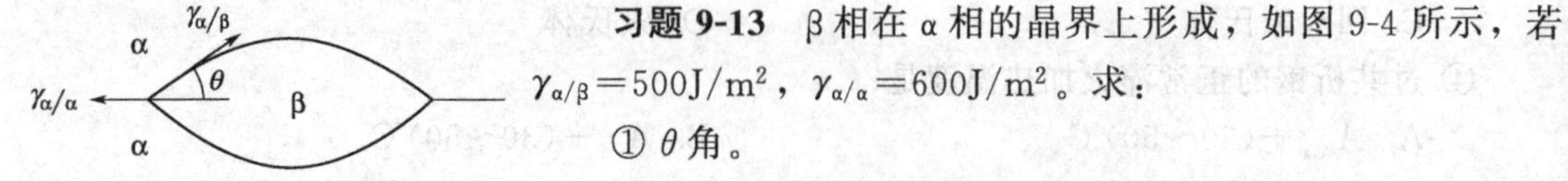

图 9-4　晶界形核示意图

习题 9-13　β相在α相的晶界上形成，如图9-4所示，若$\gamma_{\alpha/\beta}=500$J/m^2，$\gamma_{\alpha/\alpha}=600$J/m^2。求：

① θ角。

② 这一晶核的形状因子$S(\theta)$的大小。

习题 9-14 分析固态相变的新相长大速度和体积转变速度与相变过冷度的关系。

习题 9-15 若金属 B 以置换方式溶入 fcc 的金属 A 中：

① 试问合金有序化的成分更可能是 A_3B 型还是 A_2B 型？为什么？

② 试用总共 20 个 A 原子和 B 原子做出原子在 fcc 金属（111）面上的排列图。

习题 9-16 碳含量为 $w_C=0.8\%$的 Fe-C 合金淬火后硬度最高。试说明：

① 马氏体转变的切变分量随碳含量的增加如何变化。

② 此种效应对形成马氏体所需的自由焓 $\Delta G_{\gamma\to M}$有何影响。

③ 碳含量对 M_s 有何影响。

习题 9-17 以共析钢为例说明奥氏体的形成过程，以及快速加热对奥氏体形成过程的影响。

习题 9-18 何谓奥氏体的起始晶粒度、实际晶粒度和本质晶粒度？为什么要控制奥氏体的晶粒度？

习题 9-19 何谓过冷奥氏体转变的 TTT 图和 CCT 图？两者有何区别？

习题 9-20 珠光体、球状珠光体、索氏体和托氏体组织的形成条件有何区别？它们的显微组织和力学性能有何特点？

习题 9-21 与珠光体相比，贝氏体的形成条件和形成过程有何特点？上贝氏体与下贝氏体的组织结构和力学性能有何特点？

习题 9-22 马氏体相变有哪些主要特征？

习题 9-23 马氏体的本质是什么？其组织有哪两种基本形态？它们的性能各有何特点？马氏体的硬度主要取决于什么因素？

习题 9-24 完全退火的目的是什么？为什么完全退火只适用于亚共析钢？试制订 40Cr 钢（A_{c_3} 约为 790℃）铸件的退火工艺曲线。

习题 9-25 碳素工具钢 T12 正火后的硬度在 250HBS 以上，不利于机械加工，为什么有时还要进行正火处理？为了便于机械加工并为淬火做好准备，在正火后还需要进行何种热处理？获得何种组织？

习题 9-26 何谓淬透性？其在生产中有何实际意义？主要有哪些因素影响钢的淬透性？

习题 9-27 钢经淬火处理后，为何必须进行回火处理？简述淬火钢在回火过程中组织结构和力学性能的变化规律。

习题 9-28 工业上最常用的表面淬火方法有哪些？正火后的 45 钢经表面淬火后，其组织与力学性能有何特点？

习题 9-29 哪些零件需要进行渗碳处理？渗碳用钢有什么特点？为什么零件经渗碳处理后还需进行淬火加回火处理？

习题 9-30 用 15 钢制作要求耐磨的小轴（直径 20mm），其工艺路线为：下料→锻造→正火→机加工→渗碳→淬火＋低温回火→磨加工。说明其中热处理工序的目的及使用状态下的组织。

9.6.2 参考答案

习题 9-1 略。

习题 9-2

① 正确；在此区间，奥氏体的含碳量大于钢的含碳量，而铁素体的含碳量小于钢的含碳量。

② 错误；本质细晶粒钢是指在本质晶粒度规定的条件下不会粗化。

③ 错误；马氏体是碳在 α-Fe 中的过饱和固溶体。

④ 错误；40Cr 钢的淬透性比 T10 钢要高，而淬硬性比 T10 钢低。

⑤ 错误；低碳马氏体强而韧，高碳马氏体硬而脆。

⑥ 错误；连续冷却转变曲线的临界冷速比等温转变曲线的小。

⑦ 正确；正火获得细片珠光体组织，可以提高硬度。

⑧ 正确。

⑨ 错误；渗碳后工件表面为高碳，只有进行淬火回火才能发挥高碳的潜力，获得高硬度和耐磨性。

⑩ 正确；因为淬火温度一样，则奥氏体含碳量一样，所以淬火后残余奥氏体量一样。

习题 9-3 ①B；②A；③C；④C；⑤C；⑥B；⑦C；⑧A；⑨C；⑩C

习题 9-4 固态物质在温度、压力、电场、磁场改变时，从一种组织结构转变为另一种组织结构，就称为固态相变。

与液-固相变相比，固态相变时的母相是晶体，其原子呈一定规则排列，而且原子的键合比液态时牢固，同时母相中还存在着空位、位错和晶界等一系列晶体缺陷，新相-母相之间存在界面。因此，在这样的母相中，产生新的固相，会出现许多特点。

① 由于新相与母相之间比容不同，或者由于共格面上的原子错配度较大，往往产生应变能，这是固态相变的重要阻力。

② 固态相变时新相的晶核常优先在晶体缺陷处形成。

③ 新相与母相之间往往存在着一定的结晶学取向关系。

④ 晶核长大有两种方式：一是改组式，二是位移式。前者需要原子的扩散，后者则不要。

⑤ 固态相变时，往往首先产生形核功最小的亚稳相，再演变为平衡的稳定相。

习题 9-5 固态相变时形核的阻力，来自新相晶核与基体间形成界面所增加的界面能 E_γ 以及体积应变能（即弹性能）E_e。其中，界面能 E_γ 包括两部分：一部分是在母相中形成新相界面时，由同类键、异类键的强度和数量变化引起的化学能，称为界面能中的化学项；另一部分是由界面原子不匹配（失配），原子间距发生应变引起的界面应变能，称为界面能中的几何项。应变能 E_e 产生的原因是，在母相中产生新相时，由于两者的比容不同，会引起体积应变，这种体积应变通常是通过新相与母相的弹性应变来调节，结果产生体积应变能。

从总体上说，随着新相晶核尺寸的增加及新相的生长，$E_\gamma+E_e$ 会增加。当然，E_γ、E_e 也会通过新相的析出位置、颗粒形状、界面状态等，相互调整，以使 $E_\gamma+E_e$ 为最小。

母相为液态时，不存在体积应变能问题，而且固相界面能比液-固的界面能要大得多。相比之下，固态相变的阻力大。

习题 9-6 如同在液相中一样，固相中的形核几乎总是非均匀的，这是由于固相中的非平衡缺陷（诸如非平衡空位、位错、晶界、层错、夹杂物等）提高了材料的自由能。如果晶核的产生结果使缺陷消失，就会释放出一定的自由能，因此减少了激活能势垒。

新相在位错处形核有三种情况：一是新相在位错线上形核，新相形成处，位错消失，释放的弹性应变能量使形核功降低而促进形核；二是位错不消失，而且依附在新相界面上，成为半共格界面中的位错部分，补偿了失配，因而降低了能量，使生成晶核时所消耗的能量减少而促进形核；三是当新相与母相成分不同时，由于溶质原子在位错线上偏聚（形成柯氏气团）有利于新相沉淀析出，也对形核起促进作用。

习题 9-7　与液态结晶相比，固态相变在形核方面有如下特点：

① 固态相变主要依靠非均匀形核。这是由固态介质在结构组织方面先天的不均匀性所决定的。固态介质具有各种点、线、面等缺陷，这些缺陷分布不均匀，具有的能量高低不同，这就给非均匀形核创造了条件。

② 新相与母相之间存在一定的位向关系。常以低指数且原子密度较大而又匹配较佳的晶面互相平行，构成确定位向关系的界面借以减小新相与母相之间的界面能。

③ 相界面易成共格或半共格界面。这是因为以形成共格界面而进行相变其阻力最小，半共格界面次之，非共格界面阻力最大。

习题 9-8　如果脱溶是在母相中各处同时发生，且随新相的形成，母相成分发生连续变化，但其晶粒外形及位向均不改变，称之为连续脱溶。

与连续脱溶相反，当脱溶一旦发生，其周围一定范围内的固溶体立即由过饱和状态变成饱和状态，并与母相原始成分形成明显界面。在晶界形核后，以层片相间分布并向晶内生长。通过界面不但发生成分突变，且取向也发生了改变，这就是不连续脱溶。其主要差别在于扩散途径的长度。前者扩散场延伸到一个相当长的距离，而后者扩散距离只是片层间距的数量级（一般小于 $1\mu m$）。

不连续脱溶有以下特征：

① 在析出物与基体界面上，成分是不连续的；析出物与基体间的界面都为大角度的非共格界面，说明晶体位向也是不连续的。

② 胞状析出物通常在基体（α'）晶界上形核，而且总是向 α' 相的相邻晶粒之一中长大。

③ 胞状析出物长大时，溶质原子的分配是通过其在析出相与母相之间的界面扩散来实现的，扩散距离通常小于 $1\mu m$。

习题 9-9　Al-Cu 合金的脱溶系列有：GP 区→θ''过渡相→θ'过渡相→θ 相（平衡相）。

脱溶相的基本特征：GP 区为圆盘状，其厚度为 0.3～0.6nm，直径约为 8 nm，在母相的$\{100\}$面上形成。点阵与基体 α 相同（fcc），并与 α 相完全共格。

θ''过渡相呈圆片状，其厚度为 2nm，直径为 30～40nm，在母相的$\{100\}$面上形成。具有正方点阵，点阵常数为 $a=b=0.404$nm，$c\approx0.78$nm，与基体完全共格，但在 z 轴方向因点阵常数不同而产生约 4%的错配，故在 θ''附近形成一个弹性共格应变场。

θ'过渡相也在基体的$\{100\}$面上形成，具有正方结构，点阵常数 $a=b=0.404$nm，$c=0.58$nm，其名义成分为 $CuAl_2$。由于在 z 轴方向错配量太大，所以只能与基体保持局部共格。

θ 相具有正方结构，点阵常数 $a=b=0.607$nm，$c=0.487$nm，这种平衡沉淀相与基体完全失去共格。

时效的实质，就是从过饱和固溶体分离出一个新相的过程，通常这个过程是由温度变化引起的。时效以后的组织中含有基体和沉淀物，基体与母相的晶体结构相同，但成分及点阵常数不同；而沉淀物则可以具有与母相不同的晶体结构和成分。由于沉淀物的性质、大小、形状及在显微组织中的分布不同，合金的性能可以有很大的变化。

习题 9-10　$d=6\times10^3$ nm。

习题 9-11　$\dfrac{V_{500℃}}{V_{200℃}}=60.49$。

习题 9-12　① $\eta=6\left(\dfrac{A_r}{\rho N_A}\right)^{\frac{2}{3}}$；② $\eta=(36\pi)^{\frac{1}{3}}\left(\dfrac{A_r}{\rho N_A}\right)^{\frac{2}{3}}$；③ $\Delta G^*=\dfrac{16A_r^2\sigma^3}{3\rho^2N_0^2(\Delta G_V-E_S)^2}$

（式中，A_r 为相对原子质量；ρ 为密度；N_0为阿佛伽德罗常数）。

习题 9-13 ① $\theta=\cos^{-1}\frac{\gamma_{\alpha/\alpha}}{2\gamma_{\alpha/\beta}}=53.1°$；② $S(\theta)=\frac{1}{2}(2+\cos\theta)(1-\cos\theta)^2=0.208$。

习题 9-14 固态相变的新相长大速度和体积转变速度与过冷度的关系类似，对于冷却转变都具有山形特征，即是先随过冷度增加而增加，然后随过冷度的增加而减小；对于加热转变则随过冷度的增加而单调增加。

习题 9-15 ① 应为 A_3B 结构。对于有序结构，原子在点阵中按一定的规则排列。每个面心立方晶胞中有 4 个原子，当 A 原子占据晶胞的面心处，B 原子占据晶胞的角位置，则每个晶胞有 3 个 A 原子，1 个 B 原子，原子比为 A_3B；反之则为 AB_3。当 B 原子除了占据角位置外，还占据两个面心时，则形成 AB 型有序结构。因而，不可能形成 AB_2 有序结构。

② A_3B 有序结构原子在（111）面上的排列图形如图 9-5 所示。

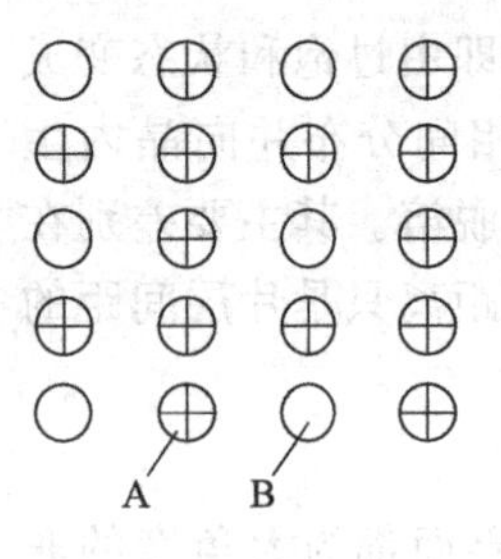

图 9-5 A_3B 有序结构原子排列示意图

习题 9-16 ①使切变分量增大；②使 $\Delta G_{\gamma\to M}$增大；③使 M_s 下降。

习题 9-17 共析钢的奥氏体化包括铁素体的晶格重组和碳原子的重新分布，由奥氏体形核、长大、残余渗碳体溶解和奥氏体成分均匀化四个阶段组成。加热速度越快，转变开始温度和终了温度越高，转变所需的时间也越短。

习题 9-18 刚刚完成奥氏体化的晶粒大小称为起始晶粒度；在具体的加热条件下获得的晶粒大小称为实际晶粒度；本质晶粒度反映在规定条件下（930℃±10℃，保温 5～8h）奥氏体晶粒长大的倾向性。

奥氏体晶粒度对钢的热处理工艺性能以及热处理后得到的组织和性能都有重要影响，粗大奥氏体热处理后的组织也粗大，性能变坏，所以要控制得到细小的奥氏体晶粒。

习题 9-19 过冷奥氏体等温冷却转变曲线又称 C 曲线或 TTT 曲线；过冷奥氏体连续冷却转变曲线又称 CCT 曲线。共析钢的 CCT 曲线位于 C 曲线的右下方，表明连续冷却转变比等温冷却转变要滞后，转变组织不均匀，共析钢的 CCT 曲线上没有贝氏体转变。

习题 9-20 珠光体的组织形态有片状和粒（球）状两种，片状珠光体随形成温度降低，片间距减小，珠光体、索氏体和托氏体分别是在 A_1～650℃、650～600℃和 600～550℃温度形成的粗片珠光体、细片珠光体和极细片珠光体；粒（球）状珠光体通过渗碳体的球化过程形成。

珠光体的性能主要取决于渗碳体的分散度和形状，转变温度低，珠光体的片间距小，强度、硬度高，塑性、韧性好；在硬度相同的条件下，粒状珠光体的屈服强度和塑性均比片状珠光体好。

习题 9-21 贝氏体是过冷奥氏体经中温转变得到的过饱和铁素体和碳化物的两相混合物。中温转变时，铁和合金元素已经无法扩散，只有碳原子可以扩散，因此贝氏体转变属于半扩散型相变，是通过奥氏体切变改组成铁素体和碳的扩散形成碳化物完成。

上贝氏体（550～350℃）在光镜下呈羽毛状，电镜下为条片状的铁素体和分布在条片间的断续的渗碳体组成；下贝氏体（350℃～M_s）在光镜下呈黑针状，电镜可观察到铁素体针中分布有细片状碳化物。

上贝氏体中碳化物较粗大，且分布不均匀，脆性大，下贝氏体中碳化物细小且弥散分布，与上贝氏体相比，下贝氏体具有高的强韧性，综合性能好。

习题 9-22 马氏体转变的主要特点：

① 无扩散性。相变过程不发生成分变化，参与转变的所有原子运动协同一致，相邻原

子的相对位置不变，而且相对位移量小于一个原子间距。

② 具有表面浮凸和切变共格性。马氏体相变产生均匀切变或称为点阵切变，造成结构变化，试样表面出现浮凸现象，马氏体和母相之间的界面为共格界面。

③ 存在惯习面及其不应变性。马氏体在母相的一定晶面上形成，此晶面称为惯习面。惯习面是一个无畸变不转动的平面。

④ 具有晶体学位向关系。马氏体和母相之间主要有以下位向关系。a. K-S 关系：$\{111\}_\gamma // \{110\}_M$、$\langle 110\rangle_\gamma // \langle 111\rangle_M$；b. 西山关系：$\{111\}_\gamma // \{110\}_M$、$\langle 211\rangle_\gamma // \langle 110\rangle_M$。

⑤ 马氏体具有内部亚结构。除了点阵切变外，马氏体相变还要发生点阵不变切变，依靠滑移或孪生完成，在马氏体内部形成位错或孪晶亚结构。

⑥ 马氏体具有逆转变现象。将马氏体以足够快的速度加热，马氏体可以不分解而直接转变为高温相。

习题 9-23　马氏体是碳在 α-Fe 中的过饱和固溶体。马氏体的组织形态有板条马氏体和片状马氏体，板条马氏体的强韧性好，片状马氏体硬而脆。马氏体具有高硬度、高强度，马氏体的硬度和强度主要取决于马氏体的含碳量。

习题 9-24　完全退火的目的有：消除铸、锻、焊件组织缺陷，细化晶粒，均匀组织；降低硬度，提高塑性，便于切削加工；消除内应力。

完全退火只适用于中高碳的亚共析钢，共析钢和过共析钢需进行球化退火来降低硬度，改善切削加工性。40Cr 钢铸件的完全退火工艺：加热温度约为 810～840℃，工艺曲线略。

习题 9-25　T12 钢正火是为了消除网状 Fe_3C_{II}，为了便于进行机械加工并为淬火做好准备，在正火后应进行球化退火处理，获得粒状珠光体组织。

习题 9-26　淬透性表征钢在淬火时获得淬硬层深度的能力，是钢固有的一种热处理工艺属性。

钢的淬透性在生产中有很重要的实际意义，对于截面较大的重要工件，应选用淬透性好的钢种，使截面获得均匀的组织和性能；对于形状复杂、变形要求严格的工件，选用淬透性好的钢，可以在缓和的淬火介质中淬火，从而减少淬火应力和变形。

淬透性取决于钢过冷奥氏体的稳定性，C 曲线越靠右，临界冷却速度越低，淬透性越好。因此淬透性的影响因素是奥氏体的化学成分和奥氏体化条件，主要是合金元素，除 Al、Co 以外，合金元素只要溶入奥氏体，都增大奥氏体稳定性，提高淬透性。

习题 9-27　淬火钢必须进行回火，其目的有：稳定组织，稳定尺寸；减少或消除淬火应力；获得所需要的组织和性能。

随回火温度的升高，淬火钢组织结构的转变包括四个方面：马氏体的分解、残余奥氏体的分解、碳化物类型的变化以及铁素体的回复和再结晶和碳化物的聚集长大。

淬火钢回火时，其性能变化的总的趋势是：随回火温度的升高，硬度、强度下降，塑性、韧性升高。

习题 9-28　工业中广泛应用的表面淬火方法有：感应加热表面淬火、激光加热表面淬火、火焰加热表面淬火法等。

正火后 45 钢经表面淬火＋低温回火后，表层组织：隐晶回火马氏体；心部组织：铁素体＋索氏体。性能：表面强而耐磨、高的疲劳强度，心部具有足够的塑性、韧性和一定的强度。

习题 9-29　性能上要求“表硬内韧”的重要零件，如汽车、拖拉机变速箱齿轮等需要进行渗碳处理，渗碳用钢选用 0.1%～0.25%的低碳钢和低碳合金钢，低碳是为了使心部具有良好的韧性，耐冲击。渗碳后必须进行淬火和低温回火才能使表面获得高硬度和耐磨性，发挥表面高碳的潜力，达到预期的目的。

习题 9-30　正火的目的是细化组织，提高硬度，便于切削加工；渗碳的目的是使工件表面获得高碳成分；淬火＋低温回火的目的是使表面获得高硬度高耐磨性，充分发挥表面高碳的潜力。

使用态组织情况如下。表层：$M_{回}$＋粒状 Fe_3C＋Ar；心部：α＋$M_{回}$ 或 α＋P 型。

9.7 课堂讨论（“钢的热处理原理与工艺”部分）

钢铁材料热处理是钢铁材料强韧化的重要途径之一，也是固态相变理论在钢中的具体应用，是本课程讨论的重点内容之一。由于重要的铁碳合金材料多是经过适当的热处理才能充分发挥自身潜力，因此“钢的热处理原理与工艺”的课堂讨论不但是对本章内容全面的复习与提高，而且更有益于深入了解后续章节中各种工程材料（特别是金属材料）的学习。要做到在生产实际中合理地选用工程材料，正确地选定热处理工艺方法，合理地安排加工工艺路线是关键，这就取决于对本章内容掌握得好坏。因此，上好本次课堂讨论课至关重要。

9.7.1　讨论目的

① 进一步理解和掌握钢热处理过程中五大转变的规律和各种转变产物的转变温度范围、组织本质、相变类型、组织形态和性能特点。

② 熟悉碳钢的 TTT 曲线和 CCT 曲线，并应用其分析各种冷却条件下得到的组织和性能。

③ 熟悉钢的常用热处理工艺：退火、正火、淬火、回火以及表面淬火、渗碳处理的工艺特点、目的、热处理前后的组织和性能变化及应用范围。

9.7.2　讨论题

讨论题 9-1　默画出共析碳钢（T8）的 TTT 曲线及 CCT 曲线，指出各条线表示的意义和各区的组织，并比较 TTT 和 CCT 曲线的异同。

讨论题 9-2　比较共析碳钢过冷奥氏体转变产物的组织名称、转变温度、相变类型、相组成、组织形态和性能特点。

讨论题 9-3　比较回火组织的名称、回火温度、相变类型、相组成、组织形态和性能特点。

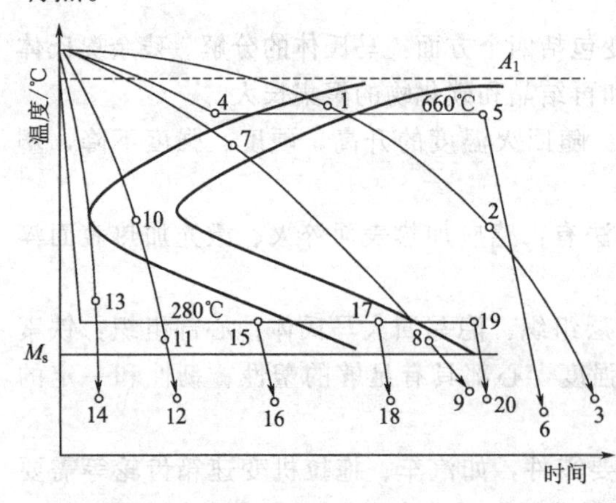

图 9-6　共析碳钢的 C 曲线与冷却曲线

讨论题 9-4　试述马氏体转变的主要特点及强化原因。

讨论题 9-5　共析碳钢的 C 曲线和冷却曲线如图 9-6 所示，试指出图中各点位置所对应的组织。

讨论题 9-6　为什么工、模具钢的锻造毛坯在机加工前最好进行正火，再进行球化退火工艺处理？

讨论题 9-7　试从形成条件、组织形态特征及主要性能特点三方面说明以下组织区别：①马氏体与回火马氏体；②索氏体与回火索氏体；③托氏体与回火托氏体；④上贝氏体与下贝氏体。

讨论题 9-8　退火态 T12 钢的组织为 P+网状 Fe_3C_{II}，若用它制作一个工具，需经过预先热处理（正火、球化退火）和最终热处理（淬火、低温回火），试回答下列问题：

① 分阶段说明热处理过程中的组织。正火、球化退火、780℃（A_{c_1} ～A_{ccm}）水淬、200℃回火。

② 说明上述各热处理工序的目的和最终得到的硬度范围。

③ 若将该钢加热至 860℃（>A_{ccm}）淬火后 200℃回火，会得到何种组织？

讨论题 9-9　指出直径 10mm 的 45 钢经下列温度加热并水冷后所获得的组织：①700℃；②760℃；③840℃；④1000℃。

讨论题 9-10　过共析钢的淬火加热温度为什么选择在 A_{c_1} +(30～50)℃，而不选择在 Ac_{cm}以上？

讨论题 9-11　一根直径 6mm 的 45 钢圆棒材，先经 840℃加热淬火，然后从一端加热，依靠热传导使圆棒材上各点达到如图 9-7 所示的温度，试问：

① 各点所在部位的组织是什么？

② 若圆棒从图示温度缓冷至室温后，各部位的组织又是什么？

③ 若圆棒从图示温度快冷淬火至室温后，各部位的组织又是什么？

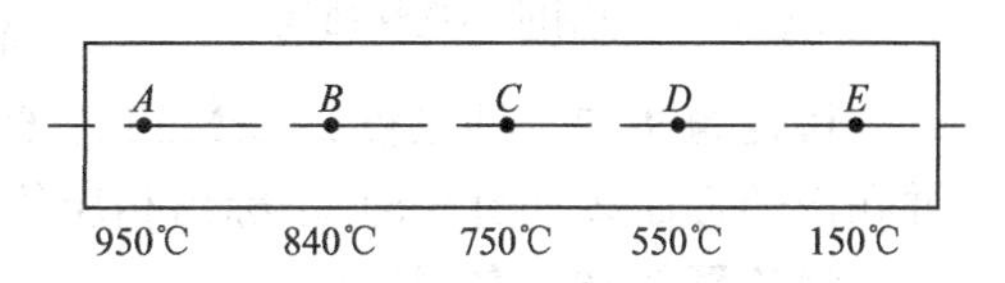

图 9-7　圆棒上各点温度

讨论题 9-12　在下列情况下，应选择何种热处理工艺？热处理后的组织是什么？

① 改善 20 钢、45 钢、T12 钢的切削加工性。

② 45 钢小轴的最终热处理。

③ 消除锻件、铸钢件、焊接件中的魏氏组织，细化晶粒。

讨论题 9-13　有两个 C 的质量分数为 1.2%的碳钢薄试样，分别加热到 780℃和 860℃，保温相同时间，使之达到平衡状态，然后以大于 V_{kc}的冷却速度冷至室温，试问：

① 哪个温度淬火后晶粒粗大？

② 哪个温度淬火后马氏体 C 的质量分数较高？

③ 哪个温度淬火后未溶碳化物较少？

④ 哪个温度淬火后残余奥氏体量较多？

⑤ 你认为哪个淬火温度合适，为什么？

讨论题 9-14　有一直径 10mm 的 20 钢制工件，经渗碳处理后空冷，随后进行正常的淬火回火处理，试分析工件在渗碳空冷后及淬火回火后，由表面到心部的组织。

讨论题 9-15　车床主轴要求轴颈部位的硬度为 56～58HRC，其余处为 20～24HRC，其加工工艺路线为：锻造→正火→机加工→轴径表面淬火+低温回火→磨加工。请指出：①主轴应选用何种材料？②正火、表面淬火及低温回火的目的和大致工艺。③轴径表面处的组织和其余地方的组织。

讨论题 9-16　判断下列说法是否正确，并分析原因。

① 马氏体都是硬而脆。

② 淬透性主要取决于钢中的含碳量，而淬硬性主要取决于钢中合金元素的含量。

③ 40Cr 钢的淬透性和淬硬性均比 T10 钢的高。

④ 同种钢件，水淬时获得的淬透层比油淬时要深，所以说水淬时的淬透性好。

⑤ 钢淬火回火后韧性一定提高。

⑥ 亚共析钢的淬火加热温度一般选择在 A_{c_1}～A_{c_3} 之间。

⑦ 除 Co、Al 外，大多数合金元素无论是否溶入奥氏体都会使 TTT 曲线向右移。

⑧ 凡使过冷奥氏体转变曲线右移的因素都会使 V_{kc} 提高，淬透性降低。

⑨ 共析碳钢奥氏体化的基本过程包括形核和长大两个阶段。

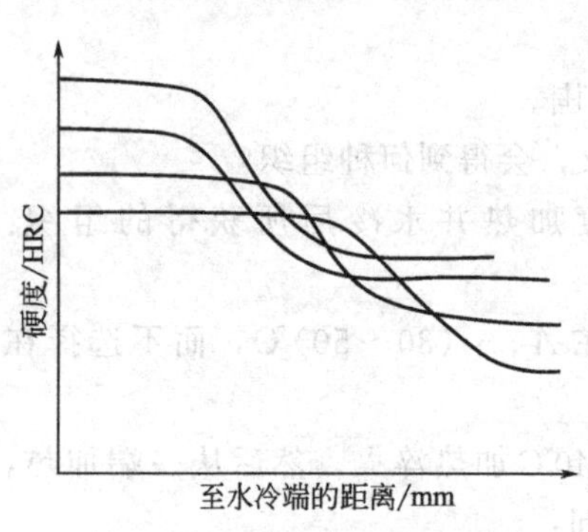

图 9-8 四种钢的淬透性曲线

⑩ 在任何加热条件下，本质粗晶粒钢都会得到粗大的奥氏体晶粒，而本质细晶粒钢都会得到细小的奥氏体晶粒。

⑪ 淬火后所得马氏体的尺寸主要取决于奥氏体的本质晶粒度。

⑫ 奥氏体冷却时得到的组织主要取决于奥氏体晶粒大小。

⑬ 残余奥氏体的多少主要取决于钢中的含碳量。

⑭ 钢中的含碳量越高，淬火后钢的硬度越高。

⑮ 过共析钢正火的主要目的是细化晶粒。

讨论题 9-17 试比较 20CrMnTi、65、T8、40Cr 钢的淬透性和淬硬性（用两种方法），并在淬透性曲线（图 9-8）上标出相应的钢号。

讨论题 9-18 名词辨析：

① 奥氏体的起始晶粒度、实际晶粒度与本质晶粒度；

② 奥氏体、过冷奥氏体与残余奥氏体；

③ 上临界冷却速度与下临界冷却速度；

④ 淬透性、淬硬性与淬透层深度；

⑤ 完全退火、正火和球化退火；

⑥ 片状珠光体与粒状珠光体。

第10章 材料概论

10.1 基本要求

① 熟悉常用金属材料（包括工业用钢、铸铁与有色合金）的分类和编号方法，要做到从其牌号即可判断其种类和大致化学成分。

② 初步了解钢的合金化原理，掌握常用工业用钢的类别（按用途分类）、典型牌号、碳与合金元素的含量及主要作用、常用热处理工艺或使用状态、使用态组织、主要性能特点以及典型用途等。

③ 深入理解铸铁的石墨化过程与影响因素，石墨形态对铸铁性能的影响，铸铁的热处理特点，常用铸铁的牌号、组织和用途等。

④ 深入理解铝合金的强化途径与方法，了解典型铝合金和铜合金的组织与性能特点以及滑动轴承合金的性能与组织要求等。

⑤ 了解有关高分子材料、工程陶瓷和复合材料的基本知识。

通过本章学习，应具备有关工程材料的基础知识，并具有合理选材和选用热处理工艺的初步能力。

10.2 内容提要

10.2.1 概述

10.2.1.1 钢的分类与编号

钢的分类方法很多，常用的有：按用途分类、按化学成分分类、按显微组织分类、按冶金质量分类。按用途分类，碳钢可分为：普通碳素结构钢、优质碳素结构钢和碳素工具钢。合金钢可分为三大类：合金结构钢、合金工具钢和特殊性能钢。

10.2.1.2 各种材料概述

从组织结构和性能的关系方面来认识金属材料、高分子材料、工程结构陶瓷材料和复合材料，对其基本特性有一概貌性的了解。

10.2.2 工业用钢

10.2.2.1 合金元素在钢中的作用

（1）强化基本相　钢在室温下的基本相一般是铁素体和渗碳体。合金元素溶入铁素体中形成合金铁素体，可起到固溶强化的作用。碳化物形成元素与碳相互作用，可形成合金渗碳体、间隙化合物和间隙相；它们的稳定性、熔点、硬度依次升高，聚集长大的倾向变小。

（2）对 $Fe\text{-}Fe_3C$ 相图的影响　凡是扩大 γ 区的元素扩大奥氏体区，当合金元素含量达到一定值时，奥氏体区将扩大到室温，得到奥氏体钢；凡是缩小 γ 区的元素均缩小奥氏体区，当合金元素含量达到一定值时，奥氏体区将消失，得到铁素体钢。

合金元素使 S 点和 E 点向左移动。S 点向左移动意味着共析点的含碳量下降；E 点向左移动意味着出现莱氏体的含碳量减少。

(3) 对钢加热转变的影响　除少数元素外，大多数合金元素减慢奥氏体的形成速度，细化奥氏体晶粒。

(4) 对奥氏体冷却转变的影响　除 Al、Co 外，大多数合金元素溶入奥氏体中后，能增加奥氏体的稳定性，使过冷奥氏体转变曲线向右移动，提高钢的淬透性；降低 M_s 点，增加残余奥氏体量。

(5) 对回火转变的影响　合金元素提高回火稳定性，有利于提高钢的综合力学性能。某些高合金钢在某一温度范围内回火时，会出现二次硬化现象。有些合金元素（Ni、Cr、Mn）有增加第二类回火脆性的倾向，而 Mo 和 W 有抑制和减轻第二类回火脆性的作用。

(6) 合金元素对钢的强化途径　固溶强化、细晶强化、位错强化；第二相强化（包括弥散强化和沉淀强化）。马氏体相变加上回火转变是钢中最经济最有效的综合强化手段。合金元素的首要目的就是保证钢能更容易地获得马氏体，只有得到马氏体，钢的综合强化才能得到保证。

10.2.2.2　结构钢

按用途，结构钢可分为两大类：工程结构钢，包括普通碳素结构钢和低合金结构钢；机械结构钢；包括渗碳钢、调质钢、弹簧钢和滚动轴承钢等。常用结构钢的主要性能要求、化学成分、典型牌号、最终热处理或使用状态、使用态组织见表 10-1。

10.2.2.3　工具钢

按用途，工具钢可分为三大类：刃具钢、模具钢和量具钢。常用工具钢的化学成分、典型牌号、最终热处理或使用状态、使用态组织、性能特点和用途举例见表 10-2。

10.2.2.4　特殊性能钢

特殊性能钢包括不锈钢、耐热钢和耐磨钢等。

(1) 不锈钢提高耐蚀性的途径　①加合金元素（如 Cr），提高基体的电极电位；②加合金元素（如 Cr、Al、Si），在钢件表面形成致密的钝化膜；③加合金元素（如 Cr、Ni），使其形成单相组织。

(2) 耐热性及提高耐热性的途径　耐热性是指高温抗氧化性和热强性（高温强度）。热强性用蠕变极限和持久强度来表征。提高耐热性的途径：①加合金元素（如 Cr、Al、Si），在钢件表面形成致密的钝化膜，以提高高温抗氧化性；②通过加合金元素，提高原子间结合力、提高再结晶温度、减慢原子的扩散和增加组织稳定性来提高热强性。

(3) 耐磨钢的含义　所谓耐磨钢，是指在受到强烈摩擦、冲击和巨大压力时，表现出良好耐磨性的钢种。

常见特殊性能钢见表 10-3。

10.2.3　铸铁

10.2.3.1　铸铁的分类

(1) 按碳的存在形式分类　白口铸铁、灰口铸铁和麻口铸铁。

(2) 按石墨的形态分类　灰口铸铁、可锻铸铁、球墨铸铁和蠕墨铸铁。

表 10-1　结构钢一览表

钢的类别		典型牌号	主要性能要求	含碳量/%	合金元素的主要作用	常用最终热处理或使用态		用途举例
						工艺名称	相应组织	
工程结构用钢	普通碳素结构钢	Q235	较高的强度，较好的塑性、韧性，较小的冷脆倾向，良好的加工工艺性	≤0.4		热轧空冷态	α+P(S)	薄板、钢筋、螺栓、螺钉、销钉等
	低合金结构钢	Q345 Q420	和普通碳素结构钢相似，但要求有更高的强度和耐蚀性	≤0.25	Mn：提高强度；V、Ti、Al、Nb：细化晶粒，沉淀强化	热轧空冷态	α+P(S)	桥梁、船舶、压力容器、车辆、建筑结构、起重机械等
机械结构用钢	渗碳钢	15 20Cr 20CrMnTi	表面硬度高，耐磨性和接触疲劳抗力高；心部具有足够的强度，较高的韧性	0.10～0.25	Cr、Mn、Ni、Si、B：提高淬透性，强化铁素体，保证心部强度；Ti、V：细化晶粒	渗碳＋淬火＋低温回火	表面：回火 M＋碳化物＋残余奥氏体；心部：低碳回火 M 或 α+P 型	用于制作表硬内韧的重要零件，如汽车、拖拉机的变速齿轮等
	调质钢	45 40Cr 40CrNiMo	良好的综合力学性能，足够的淬透性，有的则要求表面耐磨	0.30～0.50	Cr、Ni、Mn、Si、B：提高淬透性，强化铁素体；Mo、W、V、Ti：细化晶粒；Mo、W：可防止第二类回火脆性	淬火＋高温回火（调质）	回火索氏体	用于制作要求综合力学性能较高的重要零件，如机床主轴、连杆、齿轮等
						调质＋局部表面淬火＋低温回火	表面：回火 M；心部：回火索氏体	
	弹簧钢	65Mn 60Si2Mn 50CrVA	高的弹性极限及屈强比，高的疲劳强度，足够的塑性、韧性	0.6～0.9 （0.5～0.7）	Si、Mn、Cr：提高淬透性，回火稳定性，强化铁素体，提高屈强比；Cr、V、W：细化晶粒，提高回火稳定性，降低脱碳倾向	淬火＋中温回火	回火托氏体	用于制作要求弹性的各类弹性零件，如螺旋弹簧、板簧等
						冷拉钢丝冷成型后去应力退火	索氏体	
	滚动轴承钢	GCr15 GCr15SiMn	高硬度、耐磨性和接触疲劳强度，足够的塑性、韧性、淬透性及一定的耐蚀性	0.95～1.15	Cr：提高淬透性，获得细小的碳化物，提高耐磨性和接触疲劳强度；Si、Mn：进一步提高淬透性	淬火＋低温回火	回火 M＋碳化物＋残余奥氏体	制造滚动轴承、丝杠、冷轧辊、量具、冷作模具等

表 10-2 工具钢一览表

钢的类别		典型牌号	主要性能要求	含碳量/%	合金元素的主要作用	最终热处理或使用态		用途举例
						工艺名称	相应组织	
刃具钢	碳素工具钢	T7～T12(A)	高的硬度和耐磨性,一定的韧性	0.65～1.35	—	淬火+低温回火	回火 M+碳化物+残余奥氏体	红硬性差,用于制造手工工具如锉刀、木工工具等
	低合金刃具钢	9SiCr CrWMn	高的硬度和耐磨性,较高的淬透性,淬火变形较小,一定的韧性	0.75～1.5	W、V、Cr:提高耐磨性、回火稳定性,细化晶粒;Si、Mn、Cr:提高淬透性,提高回火稳定性			用于制造形状复杂、要求变形小的刃具,如丝锥、板牙等
	高速钢	W18Cr4V (W6Mo5Cr4V2)	高的红硬性,高的硬度和耐磨性,一定的韧性	0.7～1.6	Cr:提高淬透性;W、Mo:提高红硬性;V:提高耐磨性	1200～1300℃淬火+560℃三次回火		红硬性高,用于制造高速切削刃具,如车刀、铣刀、钻头等
模具钢	热作模具钢	5CrMnMo 5GrNiMo	高的热磨损抗力、高温强度、热疲劳抗力、淬透性及热稳定性	0.3～0.6	W、Mo、V:提高红硬性,提高回火稳定性;Cr、Mn、Ni:提高淬透性,提高回火稳定性;Cr、W、Mo:可提高热疲劳抗力	淬火+中温回火 淬火+高温回火	回火托氏体 回火索氏体	热锻模
		3Gr2W8V				淬火+多次回火	回火 M+碳化物+残余奥氏体	压铸模,热挤压模
	冷作模具钢	Cr12 Cr12MoV	高的硬度、耐磨性,淬透性好,热处理变形小,足够的韧性	0.8～2.3	Cr:提高淬透性、耐磨性和回火稳定性;Mo、V:提高耐磨性,细化晶粒,改善强度和韧性	淬火+低温回火 高温淬火+500～520℃多次回火	回火 M+碳化物+残余奥氏体	用以制造截面大、负载重的冷冲模、冷挤压模、滚丝模等

表 10-3 特殊性能钢一览表

钢的类别		典型牌号	主要性能要求	含碳量/%	合金元素的主要作用	最终热处理或使用态		用途举例
						工艺名称	相应组织	
不锈钢	马氏体不锈钢	1Cr13,2Cr13	具有一定力学性能和一定的耐蚀性	0.1～0.4	Cr:提高耐蚀性(提高电极电位,形成钝化膜)	淬火+高温回火	回火索氏体	腐蚀条件下工作的机械零件,如汽轮机叶片、螺栓、医疗器械、量具等
		3Cr13,4Cr13				淬火+低温回火	回火马氏体	
	奥氏体不锈钢	1Cr18Ni9 1Cr18Ni9Ti	高的化学稳定性及耐蚀性	≤0.14	Cr:提高耐蚀性(提高电极电位,形成钝化膜);Ni:提高耐蚀性(形成单相奥氏体或奥氏体-铁素体组织);Ti:防止晶间腐蚀	固溶处理	奥氏体	强腐蚀介质中工作的部件,如储槽、容器、输送管道、抗磁仪表等
耐热钢	珠光体耐热钢	15CrMo 12Cr1MoV	高温下工作,要求具有高的抗氧化性、热强性	<0.25	Cr、Si、Al:提高抗氧化性,Cr还能提高热强性;W、Mo:提高再结晶温度,并能形成较稳定的碳化物,提高热强性;V、Al、Ti:形成稳定的第二相,弥散强化,提高热强性;B、Re:强化晶界;Ni、Mn:使之形成奥氏体,提高热强性	正火+高于工作温度100℃的回火	铁素体+珠光体	锅炉构件和汽轮机零件,如蒸汽管道、法兰、耐热螺栓等(工作温度<600℃)
	马氏体耐热钢	1Cr13 1Cr11MoV 4Cr9Si2		≤0.5		淬火+高于工作温度100℃的回火	回火索氏体	多用于制造工作温度低于600℃受力较大的零件,如汽轮机叶片、发动机气阀等
	奥氏体耐热钢	1Cr18Ni9Ti 4Cr14Ni14W2Mo		≤0.5		固溶处理+时效处理	奥氏体+弥散的第二相	汽轮机的过热气管道、构件,航空、船舶、载重汽车发动机的进排气阀等
耐磨钢		ZGMn13	耐磨性及高的冲击韧性	1.0～1.3	Mn:保证得到单一的奥氏体组织	水韧处理	单一奥氏体	适用于强烈冲击和磨损条件下工作的构件,如破碎机颚板,拖拉机、坦克的履带,铁路道岔等

10.2.3.2 铸铁的石墨化

铸铁的石墨化过程分为两个阶段：共晶转变中的石墨化称为第一阶段石墨化，共析转变中的石墨化称为第二阶段石墨化。铸铁的石墨化程度与组织的关系见表10-4。影响石墨化的主要因素是冷却速度和化学成分。

表10-4 铸铁的石墨化程度与组织关系

石墨化程度		组织	铸铁名称
第一阶段	第二阶段		
完全石墨化	完全石墨化	铁素体+石墨	灰口铸铁
	未石墨化	珠光体+石墨	
	部分石墨化	铁素体+珠光体+石墨	
未石墨化	未石墨化	莱氏体	白口铸铁
部分石墨化	未石墨化	珠光体+二次渗碳体+石墨+莱氏体	麻口铸铁

10.2.3.3 石墨对铸铁性能的影响

铸铁的组织可看作是钢基体+石墨。石墨一方面破坏了钢基体的连续性，减少了实际承载面积；另一方面石墨边沿会造成应力集中，形成断裂源，因此铸铁的抗拉强度、塑性和韧性比钢低。片状石墨对基体的割裂作用和造成应力集中的程度最大，因而灰口铸铁基体强度、塑性和韧性利用率最低。球状石墨对基体的割裂作用和造成应力集中的程度最小，所以球墨铸铁基体强度、塑性和韧性利用率高。因而，在基体相同的情况下，球墨铸铁的综合力学性能最好。

铸铁比钢的铸造性能好，石墨的存在使铸铁具有良好的吸振性、减摩性、切削加工性和低的缺口敏感性。常用普通铸铁的牌号、组织、性能特点和用途见表10-5。

表10-5 铸铁的分类、牌号、组织特征与用途

铸铁名称	典型牌号	石墨形态	组织特征	用途举例
灰口铸铁	HT200 HT350	片状	α+片状G,P+片状G α+P+片状G	机床床身,机座,车床卡盘,泵、阀的壳体等
可锻铸铁	KTH350-10 KTZ450-05	团絮状	α+团絮状G P+团絮状G	汽车、拖拉机后桥外壳,制动器,齿轮等
球墨铸铁	QT500-7 QT700-2	球状	α+球状G,P+球状G α+P+球状G	曲轴,齿轮,机床主轴,空压机缸体等
蠕墨铸铁	RuT420 RuT300	蠕虫状	α+蠕虫状G α+P+蠕虫状G	活塞环,汽缸套、缸盖,泵体、液压阀等

10.2.3.4 铸铁的热处理

铸铁的热处理原理与钢相似，但铸铁的热处理只能改变基体组织，不能改变石墨的形态。球墨铸铁中，石墨呈球状，基体强度利用率高，因而热处理强化效果好。球墨铸铁可进行多种热处理来适应不同工作条件下所提出来的性能要求。灰口铸铁中，石墨呈片状，基体强度利用率低，因而热处理强化效果差。

10.2.4 有色金属及合金

10.2.4.1 铝合金

铝合金的分类和编号。

铝合金的强化方法：形变强化、固溶强化、细晶强化、过剩相强化和时效强化。时效强化是铝合金强化的主要途径，时效强化的概念、强化机理及条件。

简单硅铝明的成分、组织、性能特点及应用。简单硅铝明不能时效强化，可以通过变质处理来细化组织以提高强度、改善塑性和韧性。

10.2.4.2 铜合金和滑动轴承合金

铜合金的分类和编号。单相黄铜和双相黄铜的组织、性能特点和应用。季裂及防止方法。

轴承合金的性能和组织要求。锡基轴承合金和高锡铝基轴承合金的组织、性能特点。

10.2.5 非金属材料与复合材料

高分子材料的力学状态和特性，几种常用工程塑料的性能特点与应用。

工程陶瓷材料的特性，几种常用工程陶瓷材料的性能特点和应用。

复合材料的组成、分类、增强机制和特性。

10.3 疑难解析

10.3.1 “γ 区”和“α 区”的定义

“γ 区”是指面心立方的 γ-Fe 稳定存在的温度区间；“α 区”是指体心立方的 α-Fe 稳定存在的温度区间。对纯 Fe，面心立方的 γ-Fe 稳定存在的温度区间即“γ 区”是 A_3～A_4（912～1394℃），体心立方的 α-Fe 稳定存在的温度区间即“α 区”是<A_3（912℃）。合金元素加入后，对“γ 区”和“α 区”会产生很大的影响。有些合金元素会使 A_3 点降低、A_4 点升高，使面心立方的 γ-Fe 稳定存在的温度区间扩大，这些元素称为扩大 γ 区元素。有些合金元素会使 A_3 点升高、A_4 点降低，使面心立方的 γ-Fe 稳定存在的温度区间缩小，这些元素称为缩小 γ 区元素。

10.3.2 空冷时，钢是否能得到贝氏体、马氏体或奥氏体组织

碳钢在空冷时，是不能得到奥氏体、贝氏体或马氏体组织的，合金钢有可能得到。如果加入的合金元素使 C 曲线中的珠光体转变明显向右移动，而对贝氏体转变影响较小，空冷时有可能得到贝氏体组织，见图 10-1（a）。如果加入的合金元素显著增加奥氏体的稳定性，使 C 曲线大大向右移动，冷却时奥氏体在 M_s 线以上不发生任何转变，只是在冷却到 M_s 线以下时发生马氏体转变，则可得到马氏体，见图 10-1（b）。如果加入的合金元素不仅使 C 曲线大大向右移动，而且降低 M_s 点，致使 M_s 点低于室温，这样在空冷至室温时，奥氏体不会发生任何转变而保留下来，最终得到奥氏体组织。见图 10-1（c）。

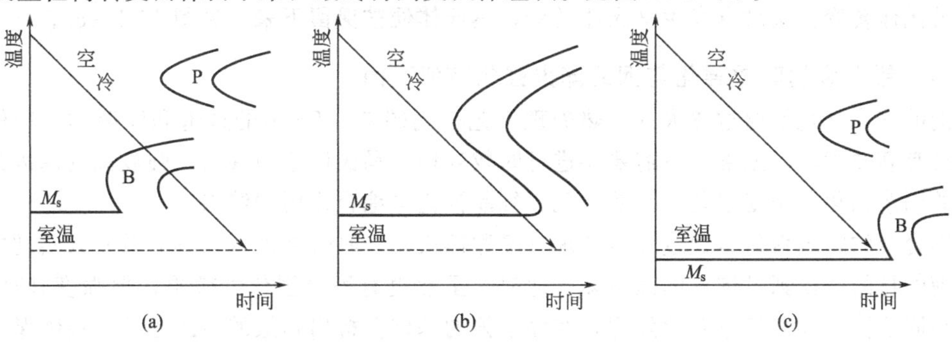

图 10-1 合金元素对 C 曲线的影响

10.3.3 有些钢淬火后回火时会出现二次硬化效应，试阐明原因

二次硬化效应出现在某些高合金钢中，碳钢中不会出现。在含有 Cr、Mo、W、V、Ti 等碳化物形成元素的合金钢，淬火后在较高温度范围回火时会出现二次硬化效应。造成二次硬化的原因是：①在较高温度范围回火时，特殊碳化物 TiC、VC、W_2C、Mo_2C、Cr_7C_3 等自马氏体中弥散析出而产生沉淀强化；②在较高温度回火时，自奥氏体中析出部分碳化物，降低了奥氏体中碳和合金元素的含量，使 M_s 点升高，在回火冷却过程中降至 M_s 点以下时，部分残余奥氏体转变为马氏体而使硬度升高，又称为二次淬火。

10.3.4 W18Cr4V 钢铸态组织中为什么会出现莱氏体？淬火后在 560℃ 回火为什么不能得到回火索氏体？

在 Fe-Fe_3C 二元相图中，当含碳量大于 E 点（$w_C=2.11\%$）时，平衡组织中会出现莱氏体。W18Cr4V 钢的含碳量为 0.7%～0.8%，虽然小于 2.11%，但由于加入了大量的合金元素，已不再是简单的铁碳二元合金。合金元素使 Fe-Fe_3C 相图中的 E 点大大地向左移动，使 E 点的含碳量降至 0.7%～0.8%以下。这样，W18Cr4V 钢本身的含碳量就大于 E 点的含碳量，因此在铸态组织中会出现莱氏体。

如果是碳钢，淬火后在 560℃回火属于高温回火，得到回火索氏体。但 W18Cr4V 钢中，大量的合金元素，显著提高了钢的回火稳定性，使马氏体的分解温度升高，分解速度减慢，α 相的再结晶温度升高，碳化物不易聚集长大。随回火温度升高，回火时的组织转变速度大大地减慢，W18Cr4V 钢在 560℃回火时组织转变的程度相当于碳钢在低温回火时的组织转变程度，只能得到回火马氏体而不是回火索氏体。

10.3.5 4Cr13 钢为什么属于过共析钢？

在 Fe-Fe_3C 二元相图中，共析点 S 点的含碳量 $w_C=0.77\%$，当含碳量小于 0.77%时，组织为铁素体＋珠光体，属于亚共析钢。4Cr13 钢含碳量虽然小于 0.77%，但由于该钢中含有 13%的 Cr，大量的 Cr 使 Fe-Fe_3C 相图中的共析点 S 点大大地向左移动，共析点 S 的含碳量降至 $w_C=0.3\%$，也就是说，$w_C=0.3\%$ 的钢就是共析钢，组织为全部珠光体。而 4Cr13 钢含碳量为 0.4%，大于共析点 S 点的含碳量 0.3%，所以属于过共析钢，平衡组织是珠光体＋碳化物。

10.3.6 1Cr18Ni9 型不锈钢淬火时为什么得不到马氏体？

1Cr18Ni9 型不锈钢中含有大量的合金元素，增加了奥氏体的稳定性，使 C 曲线大大向右移动，同时使 M_S 点下降到室温以下，这样在淬火冷却到室温时，奥氏体既没有发生珠光体、贝氏体转变，又没有发生马氏体转变，奥氏体便被保留下来。见图 10-1（c）。

10.3.7 铝合金的时效强化与钢的淬火强化有何不同？

钢的淬火强化是通过淬火这一热处理工艺得到碳在 α-Fe 中的过饱和固溶体马氏体，马氏体具有高硬度、高强度，不需要再进行时效处理。马氏体组织硬度、强度高的原因是过饱和碳的固溶强化、相变强化、时效强化、细晶强化等综合作用的结果。

铝合金的时效强化是通过固溶处理（又称淬火）＋时效处理（简称时效）来实现的。固溶处理的目的是得到过饱和的固溶体。此时，虽然也有固溶强化的效果，但强度升高不大。过饱和固溶体必须再经过时效处理，在固溶体的基体上析出弥散的 GP 区或与基体保持共格的过渡相而引起强化，称为时效强化。

10.4　学习方法指导

金属材料是机械工程中用途最广泛、最重要的一类工程材料。由于金属材料部分内容庞大、种类繁多，学习起来既枯燥、又不便记忆。为此，建议学生学习本章内容时，注意以下几点。

10.4.1　理清思路，归纳总结，在理解的基础上加以记忆

有关钢的内容多而“零碎”，为了便于掌握，可按下面的思路为主线进行理解和归纳总结：

工作条件和性能要求→{ 化学成分选择→{碳；合金元素}→典型牌号
最终热处理和组织→性能特点→应用 }

实践证明，学生只要经过自己动脑动手进行归纳、总结，不仅可以将学习内容条理化、系统化、明确重点，而且能进一步加深理解和记忆，达到良好的效果。表 10-1 的结构钢一览表、表 10-2 的工具钢一览表和表 10-3 的特殊性能钢一览表可供同学们学习归纳时参考。学习过程中，要在理解的基础上加以记忆，切勿死记硬背。

10.4.2　以“点”带“面”，举一反三

在“工业用钢”部分，“点”指的是典型牌号，“面”指的是其他大多数牌号。依据上述的思路和主线，理解和掌握每类钢中的一、二个典型牌号，此类钢的特征就能基本掌握，其他牌号的特征和典型牌号类似。因此掌握了典型牌号，就可以举一反三，有效地带动了这类钢的学习，又便于记忆。

在“铸铁”部分，石墨的特性、形态以及铸铁的石墨化规律是认识铸铁的组织、性能和热处理特点的关键。

10.4.3　如何根据钢的牌号识别钢的类别

根据钢的牌号识别钢的类别时，可按下列步骤：①先看有无特殊标志，例如 Q235、T12、GCr15、ZGMn13 等；②再判断一下是否属于特殊性能钢，例如 Cr13 型、1Cr18Ni9 型、15CrMo 等；③根据含碳量的表示方法区分是属于结构钢还是工具钢。结构钢中的含碳量用两位数字，表示含碳量为万分之几。工具钢中的含碳量用一位数字，表示含碳量为千分之几；当含碳量$\geqslant 1\%$时，则不标出。④如果是结构钢，可根据含碳量的多少判断是属于渗碳钢、调质钢还是弹簧钢。低合金结构钢和渗碳钢含碳量都是低碳，但是它们的合金化特点不同。低合金结构钢合金元素的总量一般$<3\%$，主加元素以 Mn 为主，辅加元素有 V、Ti 或 N 等。渗碳钢中，主加元素有 Cr、Mn、Ni、Si，辅加元素有 W、Mo、V、Ti 等。⑤如果是工具钢，含碳量为中碳，则属于热模具钢；含碳量为高碳，则是刃具钢或冷模具钢。

10.4.4　如何分析典型牌号中合金元素的作用

前面已经概括地介绍了合金元素在钢中的作用，但在各类合金钢中所加入的合金元素往往不止一种，而同一种合金元素在不同种类的合金钢中所起的作用亦是不同的。这对分析合金元素在典型钢号中的作用带来很大的困难。为解决此难题，可以把合金元素的作用归纳分

类，总结出带普遍性的规律。然后用这些普遍规律分析典型牌号中合金元素的作用；如果有不符合普遍规律的情况，在理解的基础上加以记忆。以下将结构钢、工具钢和特殊性能钢合金化的普遍规律作一简要的概括。

10.4.4.1 结构钢的合金化

主加元素：Cr、Mn、Ni、Si、B等，提高淬透性，强化铁素体。

辅加元素：W、Mo、V、Ti、Nb等，细化晶粒；W、Mo亦可防止或减轻第二类回火脆性。

渗碳钢、调质钢和弹簧钢的合金化特点如上所述。滚动轴承钢的合金化特点与刃具钢和冷作模具钢相似。低合金结构钢中主加元素为Mn，因为该钢一般不经过淬火处理，故其主要作用为提高强度；而辅加元素V、Ti、Nb等可以起到细化晶粒、改善韧性和弥散强化的作用。

10.4.4.2 工具钢的合金化

主加元素有Cr、W、Mo、V等，可提高硬度、耐磨性、回火稳定性和红硬性；若溶入奥氏体中，可提高钢的淬透性。

辅加元素有Mn、Si等，进一步增加钢的淬透性和回火稳定性。减少在热处理时的变形。

刃具钢和冷作模具钢的合金化特点如上所述。热作模具钢中合金元素作用除与调质钢相似外，同时Cr、W、Mo、V可提高热疲劳抗力、回火稳定性，使之在较高温度下保持相当高的硬度和强度。

10.4.4.3 特殊性能钢的合金化

不锈钢中，Cr提高耐蚀性（通过提高基本电极电位、形成钝化膜或使合金形成单相铁素体组织）；Ni提高耐蚀性（使合金形成单相奥氏体）；Ti、Nb防止晶间腐蚀。

耐热钢中，Cr、Si、Al提高钢的抗氧化性；Cr、W、Mo、V、Nb、Ti、Al等提高钢的热强性；Ni扩大奥氏体相区，使之形成单相奥氏体，从而提高热强性等。

10.5 例题

例题10-1 为什么合金结构钢的综合力学性能比碳钢好？合金工具钢的耐磨性、红硬性比碳素工具钢高？

（1）思路 根据合金元素对钢中基本相的影响、对热处理加热转变、冷却转变和回火转变等方面的影响来分析。

（2）解答 合金元素能溶入α或γ基体起固溶强化作用，只要加入适量并不降低韧性。合金元素溶入渗碳体中，形成合金渗碳体或形成硬度、稳定性更高的合金碳化物、特殊碳化物等，产生弥散强化的效果，提高钢的强度和硬度。除少数元素外，大多数合金元素能细化晶粒，提高强度，改善韧性。除了Co、Al以外的大多数合金元素溶入奥氏体中提高钢的淬透性和淬透层深度，从而提高整个零件的强度；若淬透，可使零件的力学性能在整个截面上均匀一致。合金元素都能不同程度地提高钢的回火稳定性，在相同温度下回火，合金钢具有较高的硬度和强度；若要达到相同硬度和强度，需提高合金钢的回火温度，回火温度的提高能更充分地降低应力，使钢的韧性得到改善。综上所述，可以看出合金结构钢的综合力学性能比碳钢好。

合金工具钢中，合金元素与碳形成了比渗碳体稳定性更高的合金渗碳体、合金碳化物或特殊碳化物，这些碳化物比渗碳体硬度高，不易聚集长大，分布细密，因而合金工具钢的硬度、耐磨性比碳素工具钢高。合金工具钢的红硬性比碳素工具钢高，其主要原因：一方面是合金元素提高了钢的回火稳定性，另一方面是钢中形成了比渗碳体稳定性更高的合金渗碳体、合金碳化物或特殊碳化物，这些碳化物比渗碳体硬度高，不易聚集长大，在较高的回火温度下仍保持弥散强化效果，使钢的硬度不明显下降。

(3) 常见错误剖析 错误一：只分析了合金元素对钢中基本相的影响和淬透性的影响，而忽略了合金元素细化晶粒的作用和提高回火稳定性的作用。错误二：只分析了合金元素对钢强度、硬度的影响，而忽略了合金元素改善韧性的作用。

例题 10-2 判断 20CrMnTi 与 GCr15 属于何类钢（按用途分）？分析其中各合金元素的作用，并说明这两种钢的最终热处理特点。

(1) 思路 根据牌号中的特殊符号、含碳量的表示方法和含碳量的多少可以判断：20CrMnTi 属于结构钢中的渗碳钢，GCr15 属于滚动轴承钢。然后根据合金结构钢的合金化特点和普遍规律分析 20CrMnTi 钢中合金元素的作用，根据渗碳钢一类的热处理特点来确定 20CrMnTi 钢的最终热处理。GCr15 钢虽然也属于合金结构钢，但就其主要性能要求而言，与刃具钢、冷模具钢相似，所以该钢中合金元素的作用和热处理特点可依据刃具钢或冷模具钢来分析。

(2) 解答 20CrMnTi 钢牌号中用两位数字表示含碳量，属于结构钢；又因含碳量为低碳，所以判断为渗碳钢。合金元素 Cr、Mn 的作用是提高淬透性，保证钢具有足够的强度；而合金元素 Ti 的作用则是阻止渗碳时奥氏体晶粒的长大，所形成的碳化物有一定的强化作用。20CrMnTi 钢的最终热处理特点和其他渗碳钢一样，都是采用渗碳、淬火、低温回火。只不过因为钢中含有 Ti，所以在渗碳后可直接经预冷后淬火。

GCr15 钢牌号中有一个特殊符号“G”，据此可判断是滚动轴承钢。合金元素的作用和最终热处理与刃具钢、冷模具钢相似。合金元素 Cr 的作用：一是提高淬透性，二是形成细粒状的合金渗碳体，细化晶粒，并能有效地提高耐磨性和接触疲劳强度。最终热处理采用淬火、低温回火。另外，为了保证滚动轴承的尺寸稳定性，还会进行一些附加热处理。

(3) 常见错误剖析 GCr15 钢中的 Cr 的作用有两个方面，如上所述。常见错误是只回答了一个方面，而忽略了另一方面。对于 20CrMnTi 钢的最终热处理，往往只回答淬火、低温回火，忽略了渗碳这一热处理工序。

例题 10-3 欲制造机床主轴，心部要求良好的综合力学性能，轴颈处要求硬而耐磨 (54～58HRC)。试问：①选用何种材料比较合适？②应选择何种预先热处理及最终热处理？说明各种热处理的目的和热处理后的组织。

(1) 思路 机床主轴是机床的重要零件，而且心部要求良好的综合力学性能，因此应选用淬透性较好的中碳合金钢。中碳钢要具备良好的综合力学性能，应具有回火索氏体组织，所以最终需进行调质处理。轴颈处要求硬而耐磨，可在轴颈处进行表面淬火。中碳合金钢经表面淬火后，硬度可以达到要求。

预先热处理的选用从两个方面考虑：一是消除前一道工序锻造的组织缺陷，二是为后续的切削加工做准备。

(2) 解答 选用调质钢 40Cr。预先热处理选用退火，退火不仅可以消除锻造的组织缺陷，而且可以降低硬度，改善切削加工性能。退火后的组织为铁素体+珠光体。

最终热处理：整体采用调质处理后，轴颈处再进行表面淬火、低温回火。调质处理是为了使心部得到回火索氏体，具有良好的综合力学性能。表面淬火是为了使轴颈表面获得马氏体，达到硬而耐磨的性能要求，低温回火是为了获得回火马氏体，在保证高硬度的前提下，减少应力。最终热处理后的组织：整体为回火索氏体，轴颈表面为回火马氏体。

（3）常见错误剖析

错误一：选用45碳钢。机床主轴要求心部具有良好的综合力学性能，这就要求所选钢种具有足够的淬透性。碳钢的淬透性差，对于尺寸较大的机床主轴难以满足要求，因此不选用碳钢而用合金钢。

错误二：预先热处理选用正火。40Cr合金钢正火后硬度偏高，不利于切削加工。退火可以降低硬度，改善切削加工性能，因此选退火比较合适。

错误三：最终热处理后的组织只写回火索氏体或者只写回火马氏体。只写表面组织或者只写心部组织都是不完整的。只要是表面热处理，表面组织和心部组织不一样，都应该写出来。

例题 10-4　奥氏体不锈钢的晶间腐蚀是怎样产生的？为防止不锈钢的晶间腐蚀，可采取哪些措施？

（1）思路　奥氏体不锈钢的晶间腐蚀与合金元素Cr有关。在不锈钢中，只有当Cr在铁基固溶体中的溶入量$w_{Cr} \geqslant 11.7\%$时，才能使铁基固溶体的电极电位显著提高，从而使钢钝化，具有较好的耐蚀性。奥氏体不锈钢晶间腐蚀的原因有多种解释，广为大家接受的说法是晶界贫铬理论，当奥氏体晶界附近的溶铬量降至耐蚀所需的最低含量（$w_{Cr}=11.7\%$）以下时，奥氏体晶界附近形成贫铬区，此贫铬区的电极电位突降，且明显低于晶内其他部位，因而在许多腐蚀介质中，晶界附近贫铬区就会受到腐蚀，即产生晶间腐蚀。

为防止不锈钢发生晶间腐蚀，就要减少铬碳化物析出，防止晶界附近贫铬区的产生。

（2）解答　奥氏体不锈钢在450～850℃保温时，沿晶界析出铬的碳化物$Cr_{23}C_6$，使奥氏体晶界附近的溶铬量降至耐蚀所需的最低含量（$w_{Cr}=11.7\%$）以下，在奥氏体晶界附近形成贫铬区，从而产生晶间腐蚀。例如，奥氏体不锈钢在焊接后，其热影响区在多种腐蚀介质中会出现晶间腐蚀。

常用的防止措施：①固溶处理，消除贫铬区，使其成分均匀；②降低钢中含碳量，这样在晶界处就不会析出或少析出$Cr_{23}C_6$，防止在晶界附近形成贫铬区，以达到防止晶间腐蚀的目的；③加Ti、Nb等强碳化物形成元素并进行稳定化处理，使它们与碳形成稳定的TiC、NbC，而不形成$Cr_{23}C_6$，这样就不会在晶界附近形成贫铬区。

（3）常见错误剖析　只从晶界的特性考虑，认为晶界上原子排列不规则，具有较高的能量，化学稳定性差，所以容易被腐蚀。而没有从“形成贫铬区”这一根本原因来分析。

例题 10-5　为什么用热处理方法强化球墨铸铁零件的效果比其他铸铁要更好些？

（1）思路　铸铁的组织特点为钢基体＋不同形态的石墨，而热处理只能改变基体的组织，不能改变石墨的形态。石墨形态不同时，对铸铁中钢基体的割裂作用不同，钢基体强度的利用率不同，热处理强化效果亦不同。

（2）解答　在铸铁中，片状石墨对钢基体的割裂作用最严重，致使钢基体强度的利用率仅为30%～50%。团絮状石墨对钢基体的割裂作用次之，钢基体强度的利用率为40%～70%。而当石墨呈球状分布时，对钢基体的割裂作用最小，使钢基体强度利用率可达70%～90%。通过热处理强化了钢基体，就会使整个球墨铸铁零件的强度得到明显的提高。故用热处理方法强化球墨铸铁零件的效果比其他铸铁要更好些。

（3）常见错误剖析　没有从石墨形态对钢基体割裂、使钢基体强度利用率降低这一根本来分析问题，而是花费大量篇幅分析球墨铸铁在各种热处理条件下所得到的组织与其他铸铁相比，这种回答是缺乏说服力的。

10.6　习题及参考答案

10.6.1　习题

习题 10-1　解释下列基本概念和术语

合金元素、结构钢、工具钢、特殊性能钢、调质钢、渗碳钢、弹簧钢、滚动轴承钢、冷作模具钢、热作模具钢、不锈钢、耐热钢、耐磨钢、莱氏体钢、回火稳定性、二次硬化、二次淬火、高速钢、红硬性、固溶处理、晶间腐蚀、稳定化处理、耐热性、蠕变极限、持久强度、水韧处理；

铸铁的石墨化、白口铸铁、灰口铸铁、可锻铸铁、球墨铸铁、蠕墨铸铁、麻口铸铁、冷硬铸铁、孕育处理、球化处理、石墨化退火；

硬铝、时效强化、固溶处理、时效处理、自然时效、人工时效、硅铝明、单相黄铜、双相黄铜、季裂、青铜、双金属轴瓦。

高分子材料、高分子材料的老化、塑料、热固性塑料、热塑性塑料、工程塑料、橡胶、胶黏剂、交联反应、普通陶瓷、特种陶瓷、工程陶瓷、金属陶瓷、硬质合金、复合材料、基体相、增强体、比强度、比模量、玻璃钢。

习题 10-2　判断下列说法是否正确，并说明理由

① GCr15 中，$w_{Cr}=15\%$。

② W18Cr4V 中，$w_C>1\%$。

③ 0Cr18Ni9 中，$w_C=0$。

④ 凡是能使合金强化的因素，都会降低其韧性。

⑤ 滚动轴承钢是结构钢，所以它不会是高碳钢。

⑥ 热模具钢是工具钢，所以它一定是高碳钢。

⑦ 高速钢属于过共析钢，所以它的淬火加热温度应选择在 $A_{c_1}+(30\sim50)$℃。

⑧ 要提高奥氏体不锈钢的强度，可以通过淬火得到马氏体来强化。

⑨ 高速钢中，粗大的鱼骨状碳化物，可以通过热处理来消除。

⑩ 钢中含碳量越高，则淬火后钢的硬度越高。

⑪ 钢中的合金元素无论是否溶入 γ 中，均能提高钢的淬透性。

⑫ 可锻铸铁在高温下可以进行锻造。

⑬ 铸铁可以通过再结晶退火使晶粒细化，从而提高其力学性能。

⑭ 如果铸铁第一阶段完全石墨化，第二阶段部分石墨化，最终得到的组织是珠光体+石墨。

⑮ 变形铝合金都能时效强化，而铸造铝合金都不能时效强化。

习题 10-3　填空

① 按钢中合金元素含量多少，可将合金钢分为__________、____________和____________三类（分别写出合金元素含量范围）。

② 钢的质量是按____________和____________含量高低进行分类的。

③ 用 W18Cr4V 钢制造刃具的过程中，进行反复锻造的目的是____________________。

④ σ_{1000}^{600}表示________，600 表示________，1000 表示________。

⑤ 影响石墨化的主要因素是________和________。

⑥ 滑动轴承合金的组织要求是________________________或________________。

⑦ 根据铝合金的成分和加工工艺特点，通常将铝合金分为________和________。

⑧ 按用途，高聚物可分为______、______、______、______和______。

⑨ 线型无定形高聚物的三种力学状态是______、______和______。塑料、橡胶、胶黏剂的使用状态分别是______、______、______。

⑩ 玻璃钢是______和______组成的复合材料。

习题 10-4　选择题

① 调质钢的含碳量大致为（　）。

A. 0.1%～0.25%　　B. 0.25%～0.50%

C. 0.6%～0.9%

② 欲制造一把锉刀，其最终热处理应选用（　）。

A. T12 钢，淬火＋低温回火　　B. Cr12MoV 钢，淬火＋低温回火

C. 45 钢，调质处理

③ 为提高零件的疲劳强度，希望零件表面存在一定残余压应力，应选用（　）。

A. 正火　　B. 表面淬火或化学热处理

C. 淬火＋低温回火

④ 钢的淬硬性主要取决于（　）。

A. 含碳量　　B. 冷却速度　　C. 合金元素含量

⑤ 现有下列铸铁：HT250、KTH350-10、QT600-2，请按用途选材。

A. 制作机床床身，可选（　）　　B. 制作柴油机曲轴，可选（　）

C. 制作汽车后桥外壳，可选（　）。

⑥ 铸件薄壁处出现白口组织，造成切削加工困难。解决的办法是（　）。

A. 正火　　B. 等温淬火　　C. 石墨化退火

⑦ 可热处理强化的铝合金，为提高其强度，常用的热处理方法是（　）。

A. 水韧处理　　B. 固溶处理

C. 固溶处理＋时效处理

⑧ 灰口铸铁，为获得高的耐磨性，应选用（　）。

A. 孕育处理　　B. 正火　　C. 表面淬火

⑨ 与金属和陶瓷相比，高聚物的强度和弹性模量（　）。

A. 比金属低，比陶瓷高　　B. 比陶瓷低，比金属高

C. 均低于陶瓷和金属

⑩ 陶瓷一般是不导电的绝缘体，其原因是（　）。

A. 原子排列不规则　　B. 原子排列不致密，空隙多

C. 原子结合键是离子键或共价键

习题 10-5　合金元素提高淬透性的原因是什么？常用以提高淬透性的元素有哪些？

习题 10-6　为什么说通过淬火得到马氏体是钢的最经济而有效的强化方法？

习题 10-7　指出表 10-6 中所列钢的类别（按用途分）、合金元素的主要作用、最终热处

理工艺或使用状态、使用态组织和用途（从下面给出的零件构件中任选一个：承受冲击大的齿轮、丝锥、弹簧、轴承内外套圈、耐酸容器、铣刀、硅钢片冲模、汽轮机叶片、连杆螺栓、汽车车身、大型热锻模）。将答案填入表 10-6 中。

表 10-6 钢的类别、合金元素作用、最终热处理或使用状态、用途

牌号	类别	合金元素主要作用	最终热处理或使用状态		用途举例
			工艺名称	相应组织	
60Si2Mn		Mn：			
20CrMnTi		Ti：			
40CrNiMo		Cr：			
9SiCr		Cr：			
GCr15		Cr：			
1Cr13		Cr：			
5CrNiMo		Ni：			
Cr12MoV		Mo：			
W18Cr4V		V：			
1Cr18Ni9Ti		Ti：			

习题 10-8 根据下面所列出的化学成分：$w_C=0.37\%\sim0.45\%$，$w_{Cr}=0.18\%\sim1.10\%$，写出钢的牌号，并指出其常用的最终热处理、使用态组织、主要性能特点和用途(举例)。

习题 10-9 滚齿机上的螺栓，本应用 45 钢制造，但错用了 T12 钢，退火、淬火和回火都沿用了 45 钢的工艺，问此情况下将得到什么组织？性能怎样？

习题 10-10 有一批用碳素工具钢制作的工具，淬火后发现硬度不够。估计可能是因为表面脱碳，或者是淬火时冷却不好未淬上火，如何尽快判断发生问题的原因？

习题 10-11 5CrNiMo 和 3Cr2W8V 同属热作模具钢，使用上是否有区别？为什么？

习题 10-12 若用 Cr12MoV 钢制造具有一定红硬性要求的冲压模具，应采用何种热处理工艺？为什么？

习题 10-13 简述不锈钢的合金化原理。Cr12MoV 钢中 $w_{Cr}\geqslant11.7\%$，但它并不是不锈钢，这是为什么？能通过热处理的方法使它变为不锈钢吗？

习题 10-14 奥氏体不锈钢的淬火、耐磨钢的淬火和一般钢的淬火，它们的目的有何不同？耐磨钢的耐磨原理与工具钢的耐磨原理有何不同？耐磨钢适合应用于什么场合？

习题 10-15 指出下列牌号各代表何种金属材料？说明其中数字的含义：①HT200；②KTH350-10；③QT600-2；④ZChSnSb11-6；⑤ZL102；⑥H70。

习题 10-16 比较灰口铸铁与碳钢在化学成分、组织和性能上的主要差别。

习题 10-17 现有两块金属，一块是 HT150，另一块是 45 钢，可采用哪些方法将它们区分开来？

习题 10-18 铝合金有哪些强化途径？一种合金能够产生时效强化的必要条件是什么？

习题 10-19 以 $w_{Cu}=4\%$的 Al-Cu 合金为例，说明时效过程中的组织和性能变化。铝合金的自然时效与人工时效有何区别？选用自然时效或人工时效的原则是什么？

习题 10-20 铝合金能像钢一样通过淬火得到马氏体强化吗？为什么？

习题 10-21　轴承合金的组织要求是：在硬基体上分布着软质点或在软基体上分布着硬质点，这是为什么？

习题 10-22　与金属材料相比较，高聚物有哪些主要性能特点？

习题 10-23　线形无定形高聚物的力学状态有哪几种？说明其主要力学特性、微观机理和应用。

习题 10-24　试分析陶瓷断裂韧性低的原因；为了提高陶瓷的断裂韧性，可采取哪些方法？

习题 10-25　简述复合材料的特性。

10.6.2　参考答案

习题 10-1　略。

习题 10-2

① 错误；w_{Cr}≈1.5%。

② 错误；w_C <1%。

③ 错误；w_C ≤0.08%。

④ 错误；有些情况下使合金强化的因素，会改善其韧性，例如细化晶粒等。

⑤ 错误；滚动轴承钢是高碳钢。

⑥ 错误；热模具钢是中碳钢。

⑦ 错误；高速钢的淬火加热温度远高于 A_{c_1} +(30～50)℃。

⑧ 错误；奥氏体不锈钢淬火不能得到马氏体。

⑨ 错误；高速钢中，粗大的鱼骨状碳化物，不能通过热处理来消除，只能通过反复锻造将其击碎。

⑩ 错误；在过共析钢中，若淬火加热温度在 $A_{c_{cm}}$ 以上，则含碳量越高，淬火后钢的硬度越低。

⑪ 错误；除 Co、Al 外，大多数合金元素只有溶入 γ 中，才能提高钢的淬透性。

⑫ 错误；可锻铸铁不可锻造。

⑬ 错误；铸铁不进行冷变形，不会发生再结晶，所以不能通过再结晶退火来细化晶粒。

⑭ 错误；最终得到的组织应是铁素体＋珠光体＋石墨。

⑮ 错误；变形铝合金和铸造铝合金都有能时效强化的，也都有不能时效强化的。

习题 10-3　①略；②略；③击碎粗大的碳化物；④持久强度，工作温度为 600℃，经过 1000h 后发生断裂；⑤化学成分，冷却速度；⑥在软基体上分布着硬质点，在硬基体上分布着软质点；⑦变形铝合金，铸造铝合金；⑧塑料，橡胶，胶黏剂，纤维，涂料；⑨玻璃态，高弹态，黏流态，玻璃态，高弹态，黏流态；⑩玻璃纤维，树脂。

习题 10-4　①B；②A；③B；④A；⑤A. HT250，B. QT600-2，C. KTH350-10；⑥C；⑦C；⑧C；⑨C；⑩C。

习题 10-5　合金元素溶入奥氏体中，增加奥氏体的稳定性，使 C 曲线向右移动，降低了淬火临界冷却速度。常用元素有 Cr、Mn、Ni、Si、B 等。

习题 10-6　马氏体具有高的强度和硬度。马氏体的强化充分而合理地利用了四种强化机制：固溶强化、相变强化、沉淀强化和细晶强化，强化效果特别显著。要得到马氏体，工艺过程并不复杂，只需将钢淬火即可。所以说通过淬火得到马氏体是钢的最经济而有效的强化方法。

习题 10-7　略。

习题 10-8　40Cr；常用最终热处理：调质处理；使用态组织：回火索氏体；主要性能特点：良好的综合力学性能；可用于制作机床主轴、连杆、螺栓等零件。

习题 10-9　退火：组织为片状珠光体＋网状二次渗碳体，具有此类组织的钢在淬火时，易产生变形与开裂；淬火：组织为粗大的马氏体、较多的残余奥氏体和少量的渗碳体；高温回火：组织为粗大的回火索氏体，韧性比 45 钢差。

习题 10-10　方法一：测硬度，看工具截面上从表及里的硬度变化。方法二：观察金相组织。

习题 10-11　有区别，5CrNiMo 主要用于制作热锻模，3Cr2W8V 主要用于制作热挤压模、压铸模等。它们使用上有区别的原因是由于含合金元素的种类及数量不同，致使其高温强度、耐磨性、热稳定性、韧性等均不相同。相比较而言，5CrNiMo 钢有高的淬透性和良好的综合力学性能，而 3Cr2W8 钢具有更高的高温强度、耐磨性和热稳定性等，故应用不同。

习题 10-12　用 Cr12MoV 钢制作具有一定红硬性要求的冷拉模时，可采用二次硬化法，即 1050～1100℃淬火，500～520℃多次回火。

Cr12MoV 钢制作冷作模具的热处理工艺有一次硬化法和二次硬化法。一次硬化法可使钢具有高的硬度和耐磨性、较小的热处理变形，但红硬性较低，无特殊要求的大多数 Cr12MoV 钢制作的冷模具均采用此法。Cr12MoV 钢的二次硬化法不仅可使钢具有高的硬度和耐磨性，还会使钢具有一定的红硬性，所以采用二次硬化法。

习题 10-13　合金化原理：加入合金元素，在钢的表面形成稳定、致密而牢固的钝化膜，提高铁基固溶体的电极电位或使钢得到单相组织。

因为 Cr 能使钢耐蚀的主要原因是：当 Cr 在铁基固溶体的溶入量 $w_{Cr} \geqslant 11.7\%$时，可以显著提高铁基体的电极电位。如果 Cr 在铁基固溶体的溶入量低于 11.7%，则电极电位不能明显提高，也就不能提高钢的耐蚀性。Cr12MoV 钢中，虽然 $w_{Cr} \geqslant 11.7\%$，但是由于该钢中含碳量高，会形成大量的 $Cr_{23}C_6$，这样 Cr 在铁基体的溶入量就会低于 11.7%，不能明显提高铁基体的电极电位，不能提高钢的耐蚀性，所以 Cr12MoV 钢不是不锈钢，也不能通过热处理的方法使它变为不锈钢。

习题 10-14　奥氏体不锈钢淬火（亦称固溶处理）的目的是为了获得单一、成分均匀的奥氏体组织，以获得良好的耐蚀性。耐磨钢淬火（亦称水韧处理）的目的是为了获得单一的奥氏体，塑、韧性好，同时使钢在特殊条件下表现出良好的耐磨性。一般钢的淬火目的是为了获得马氏体，使钢具有高的硬度、强度和耐磨性。

耐磨钢的耐磨原理是单一奥氏体组织在受到强大的冲击、压力时，表面层产生强烈的加工硬化，并诱发马氏体相变，使硬度和耐磨性显著增加，而心部仍保持原来的高韧性状态。工具钢一般是高碳钢，通过淬火获得高硬度的马氏体或者马氏体和部分粒状碳化物，使钢具有高的耐磨性。耐磨钢用于制作承受强烈冲击、巨大压力下工作的构件，例如挖掘机铲斗、车辆履带等。

习题 10-15　略。

习题 10-16　碳钢与灰口铸铁的含碳量及碳存在的形式不同，碳钢的含碳量低于 2.11%，除少量碳溶于铁素体外，绝大部分以 Fe_3C 形式存在；而灰口铸铁的含碳量高于 2.11%，大部分碳以石墨形式存在，其组织特点是：钢基体＋片状石墨。由于石墨的存在，灰口铸铁的抗拉强度低、塑性及韧性差，抗压强度与同基体的钢相差不大；而碳钢的抗拉强度较高，塑性及韧性较好。灰口铸铁比钢的铸造性能好，且具有良好的吸振性、减摩性、切削加工性和低的缺口敏感性。

习题 10-17 断口宏观分析；观察金相组织；用榔头砸碎，易破碎者为 HT150。

习题 10-18 铝合金强化途径有：固溶强化、时效强化（沉淀强化）、过剩相（第二相）强化、细化组织强化、冷变形强化。时效强化是铝合金强化的主要途径，其热处理方法是固溶处理（淬火）＋时效处理。

能够产生时效强化的必要条件是：加入的合金元素在铝中应有较大的溶解度，且该溶解度随温度降低而显著减小。这种合金室温平衡组织是在固溶体基体上分布着第二相，若将其固溶处理（淬火）则得到过饱和固溶体，在时效过程中能析出弥散的共格或半共格的过渡区、过渡相。所以具备了这一条件，才有可能产生时效强化的效果。

习题 10-19 $w_{Cu}=4\%$的 Al-Cu 合金在时效过程中的组织变化可分为四个阶段：①在过饱和固溶体 a 基体上形成铜原子的富集区即 GPⅠ区，铜原子富集引起点阵畸变，强度、硬度提高；②铜原子继续富集，使 GP 区扩大并有序化，形成与 a 保持共格的 GPⅡ区（即θ''相），强度、硬度继续提高；③铜原子继续富集，随 GPⅡ区的长大，GPⅡ区与 α 的共格关系被部分破坏，形成与 a 半共格的过渡相θ'；随共格关系的逐渐破坏，强度、硬度逐渐降低；④时效后期，过渡相θ'完全从 a 基体中脱溶，形成与 a 基体非共格的平衡相θ ($CuAl_2$)，强度、硬度显著降低。可以看出，在时效进行到第②阶段即将结束、第③阶段刚刚开始的时候，时效强化效果最佳。如果进行到第④阶段，形成与 a 基体非共格的平衡相θ，就失去了时效强化效果，得到的强度、硬度低，此时称为“过时效”。

在室温自发发生的时效过程称为自然时效，若在一定加热温度下进行的时效过程则称为人工时效。选择人工时效还是自然时效的原则是：①根据零件工作温度；②根据零件要求的时效强化效果；③根据铝合金种类、工件批量大小和生产效率等。

习题 10-20 不能。钢通过淬火得到马氏体而显著强化，其根本原因是因为在淬火过程中发生了 Fe 的同素异构转变，由面心立方的 γ-Fe 转变为体心的 α-Fe。而铝合金在固态下加热或冷却时只有溶解度变化，而没有同素异构转变，因此不能像钢一样通过淬火得到马氏体强化。

习题 10-21 滑动轴承既要求有高的耐磨性，同时又要减少对轴颈的磨损，所以硬度不能太高。为了保证滑动轴承的磨损寿命，要求其组织是：在软基体上分布着硬质点或在硬基体上分布着软质点。若轴承合金的组织是在软基体上分布着硬质点，则运转时软基体受磨损而凹陷，硬质点将突出于基体上，起支撑作用，而凹坑能储存润滑油，降低轴和轴瓦的摩擦系数，减少轴和轴瓦的磨损，从而保证滑动轴承的磨损寿命。若轴承合金的组织是在硬基体上分布着软质点，运转时软质点受磨损而凹陷，同样可以达到减摩的作用。

习题 10-22 与金属材料相比较，高聚物的主要性能特点：①密度小；②高弹性，弹性变形量大，而弹性模量低；③滞弹性，主要表现有蠕变、应力松弛和内耗；④强度低，但由于密度小，许多高聚物的比强度较高，某些高聚物的比强度比金属还高；⑤冲击韧性比金属小得多；⑥耐热性低；⑦减摩性、绝缘性、耐蚀性好；⑧容易老化。

习题 10-23 线形无定形高聚物的力学状态有三种：玻璃态、高弹态和黏流态。其主要力学行为特征、微观机理和应用见表 10-7。

习题 10-24 断裂是裂纹的形成和扩展的过程。由于种种原因，例如烧结、热胀冷缩不均匀、化学侵蚀、表面划伤等，陶瓷的内部和表面存在着一定数量的细微裂纹。如果裂纹长

表 10-7　高聚物的力学状态及其特征

力学状态	力学行为特征	微观机理	应用举例
玻璃态	产生普弹形变,断裂伸长率小	原子在平衡位置上作震动,不发生单键内旋和链段运动	塑料、纤维等的使用状态为玻璃态
高弹态	产生高弹形变,但有滞后,断裂伸长率大	单键内旋,链段发生运动	高弹材料和密封材料,例如橡胶等的使用状态为高弹态
黏流态	产生黏性流动形变,形变很大,且不可逆	大分子链整体发生位移	胶黏剂、涂料等的使用状态为黏流态;黏流态也是材料的加工成型状态

度大于临界尺寸，在一定应力作用下，裂纹会迅速扩展而导致断裂。裂纹扩展时所消耗的塑性变形功越大，断裂韧性越高；反之，断裂韧性越低。陶瓷材料的屈服强度高，塑性差，即使是在裂纹尖端附近也很难塑性变形，塑性区小，裂纹扩展几乎不消耗塑性变形功，这样必然造成陶瓷的低断裂韧性。

为了提高陶瓷的断裂韧性，工程上有两种主要方法：相变增韧和纤维增韧。

习题 10-25　复合材料的特性：比强度、比模量高，抗疲劳性能好，减振能力强，高温性能好，破断安全性高。

10.7　课堂讨论（“工业用钢”部分）

“工业用钢”是本课程的重点章节之一。通过讨论，掌握工业用钢的基本知识，加深对钢的热处理的理解，为合理选材和热处理工艺的选用打好基础。同时也使学生在综合运用所学知识来分析解决问题方面得到一次训练。

10.7.1　讨论目的

① 熟悉工业用钢的分类及编号方法。学会根据钢的牌号来识别钢的类别、碳和合金元素的大致含量。

② 进一步理解钢的合金化原理，熟悉典型牌号中合金元素的作用。

③ 通过对典型钢种的分析，进一步理解和掌握各类钢的工作条件和性能要求、化学成分的选择、最终热处理或使用状态的选用、使用态组织、性能特点及应用，为合理选材和热处理工艺的选用打好基础。

10.7.2　讨论题

讨论题 10-1　判断下列牌号的钢中碳和合金元素的含量大致是多少？

20　　T10　　50CrVA

Cr12MoV　　4Cr13　　9SiCr

讨论题 10-2　工程结构钢、渗碳钢、调质钢、弹簧钢及轴承钢统称为结构钢，但其含碳量各不相同，这是为什么？刃具钢和冷模具钢为什么选用高碳？

讨论题 10-3　比较结构钢和工具钢的合金化特点。

讨论题 10-4　说明下列钢中合金元素的主要作用

40CrNiMo　　20CrMnTi　　60Si2Mn　　5CrNiMo

GCr15SiMn　　GrWMn　　1Cr13　　1Cr18Ni9Ti

讨论题 10-5　渗碳钢适宜制作何种工作条件下的零件？为什么渗碳钢均为低碳？渗碳后为什么还要淬火、低温回火？

讨论题 10-6　调质钢适宜制作何种工作条件下的零件？为什么调质钢均为中碳？若用

调质钢制作要求表面耐磨、心部具有良好综合力学性能的零件可选用何种热处理工艺？最终得到的组织是什么？

讨论题 10-7 汽车、拖拉机变速箱齿轮和后桥齿轮多半用渗碳钢来制造，而机床变速箱齿轮又多半用调质钢来制造，试分析其原因。

讨论题 10-8 判断下列牌号的钢属于何类钢（按用途分）？指出各类钢常用的最终热处理或使用状态、使用态组织、主要性能特点和用途（举例）。

Q235	20Cr	ZGMn13	45
40CrNiMo	65Mn	GCr15SiMn	T12
CrWMn	W6Mo5Cr4V2	5CrMnMo	4Cr13
3Cr13	1Cr18Ni9		

讨论题 10-9 根据下面所列出的化学成分，写出钢的牌号，并指出该钢的类别（按用途分）、常用最终热处理、使用态组织、主要性能特点和用途。

C：0.2%　　Mn：1.20%～1.50%　　V：0.1%

讨论题 10-10 欲制造下列工件：发动机上的连杆、活塞销、汽车板簧、轴承滚珠、高速车刀、中小型热锻模，请问：a. 上述零件或工具各应选用何种材料？写出其牌号；b. 在制造过程中，各零件或工具各需要进行哪些热处理？最终得到何种组织？

讨论题 10-11 W18Cr4V 钢的主要性能特点是什么？钢中 W、Cr、V 的主要作用是什么？其最终热处理为何要采用 1280℃高温淬火＋560℃三次回火？能否用一次长时间回火代替？高速钢 560℃回火是否为调质处理，为什么？

讨论题 10-12 比较冷作模具钢和热作模具钢的工作条件和性能要求、含碳量、合金化特点、最终热处理和组织。

讨论题 10-13 用 9SiCr 钢制成圆板牙，其工艺路线为：锻造→球化退火→机械加工→淬火→低温回火→磨平面→开槽开口，试分析：a. 球化退火、淬火和低温回火的目的；b. 球化退火、淬火和低温回火的大致工艺。

讨论题 10-14 总结合金元素提高钢的强度和改善韧性的途径。

第11章　综合思考题

“材料科学基础”课程的各部分内容之间联系密切，在学习时应注意对不同章节内容的应用与融会贯通，以提高学习效果。下列题目侧重了这种联系，其解答需要结合多章或多节内容，以锻炼综合性提出、分析和解决问题的能力。

11-1　金属键与其他结合键有何不同，如何解释金属的某些特性？

11-2　柯氏气团是如何形成的？它对材料行为有何影响？

11-3　简述合金相的分类，固溶体与纯金属相比，有何结构、性能特点？

11-4　固溶体与纯金属的结晶有何异同？

11-5　试述含碳量对平衡组织和性能的影响（相含量、形态的变化）。

11-6　指出 Fe-Fe_3C 相图中适合锻造、铸造、冷塑变、热处理加工的成分范围，说明原因。

11-7　渗碳为什么在奥氏体中而不在铁素体中进行？

11-8　试分析材料强化常用的方法、机制及适用条件。

11-9　为何晶粒越细、材料的强度越高，其塑韧性也越好？

11-10　热加工和冷加工是如何划分的，分析热加工和冷加工过程中的组织与性能变化。

11-11　固态相变与凝固两过程有何异同？

11-12　说明固态相变比液态材料结晶阻力大的原因。

11-13　说明晶体缺陷促进固态相变形核的原因。

11-14　再结晶和调幅分解是相变过程吗？为什么？

11-15　马氏体是奥氏体快速冷却至低温所得到的转变产物，结构由面心立方转变为体心立方，成分无变化。试探讨马氏体高强度、高硬度的可能原因。

11-16　固态相变与凝固所涉及的能量变化有何异同？

11-17　细化晶粒对材料行为有何影响？细化晶粒的方法有那些？

11-18　试总结晶体缺陷对材料行为的影响。

11-19　谈谈你对材料组织结构、加工工艺、化学成分和性能四者之间关系的认识。

参 考 文 献

[1] 刘智恩主编．材料科学基础．西安：西北工业大学出版社，2003.
[2] 范群成，田民波主编．材料科学基础学习辅导．北京：机械工业出版社，2005.
[3] 刘智恩主编．材料科学基础常见题型解析及模拟题．西安：西北工业大学出版社，2001.
[4] 赵品，宋润滨，付瑞东编．材料科学基础教程习题及解答．哈尔滨：哈尔滨工业大学出版社，2003.
[5] 蔡珣，戎咏华编著．材料科学基础辅导与习题．上海：上海交通大学出版社，2004.
[6] 石德珂主编．材料科学基础．北京：机械工业出版社，2006.
[7] 潘金生，仝健民，田民波．材料科学基础．北京：清华大学出版社，1998.
[8] 崔忠圻主编．金属学与热处理．北京：机械工业出版社，2004.
[9] 余永宁编著．金属学原理习题解答．北京：冶金工业出版社，2004.
[10] 胡赓祥，蔡珣，戎咏华编著．材料科学基础．上海：上海交通大学出版社，2006.
[11] 胡德林主编．金属学原理．西安：西北工业大学出版社，1995.
[12] 郑明新主编．工程材料．北京：清华大学出版社，1991.
[13] 赵品，谢辅洲，孙振国主编．材料科学基础教程．哈尔滨：哈尔滨工业大学出版社，2002.
[14] 侯增寿，卢光熙主编．金属学原理．上海：上海科学技术出版社，1990.
[15] 刘国勋主编．金属学原理．北京：冶金工业出版社，1980.
[16] 王晓敏主编．工程材料学．北京：机械工业出版社，1999.
[17] 张云兰，刘建华主编．非金属工程材料．北京：轻工业出版社，1987.
[18] 边洁．机械工程材料学习方法指导：第2版．哈尔滨：哈尔滨工业大学出版社，2006.
[19] 徐祖耀，李麟著．材料热力学．北京：科学出版社，1999.
[20] 长崎诚三，平林真编著．二元合金状态图集．刘安生译．北京：冶金工业出版社，2004.
[21] 肖纪美主编．合金相与相变．北京：冶金工业出版社，2004.
[22] 唐仁正主编．物理冶金基础．北京：冶金工业出版社，1997.
[23] 侯增寿，陶岚琴．实用三元合金相图．上海：上海科学技术出版社，1986.
[24] William F. Smith. Foundations of materials science and engineering. McGraw-Hill. 2004.
[25] William D. Callister. Materials science and engineering：An introduction. John Wiley & Sons（Asia）Pte Ltd.